高 / 等 / 院 / 校 / 用 / 书

C++ 程序设计

C++ CHENGXU SHEJI

■主　编　陈恒鑫　熊　壮
■副主编　杨广超　王　宁
　　　　　霍敏霞

GAODENG YUANXIAO YONGSHU
C++ CHENGXU SHEJI

重庆大学出版社

内容提要

本教材的知识结构建立在读者已基本掌握了C语言并具有基本的程序设计能力基础上,通过本教材的讨论和学习,掌握C++语言在面向过程程序设计方面对C语言的扩充,并以此为基础向学生传授面向对象程序设计的基本思想、方法和技能,培养学生严谨的程序设计思想、灵活的思维方式及较强的动手能力。

教材分为两个部分,第一部分包括第1章到第3章,主要讨论C++语言在面向过程程序设计上对C语言的增强和扩充方面的知识。第二部分包括第4章到第8章,主要讨论C++语言面向对象程序设计方面的基础知识。本教材在附录中还提供了ASCII码表、使用Visual C++ 6.0集成环境开发C/C++程序的基本方法等重要学习资料。

本教材在C语言的基础之上讨论了C++语言的应用基础,内容深入浅出、语言流畅、例题丰富,适合作为程序设计语言课程教材,对于程序设计爱好者也是极佳的参考书。

图书在版编目(CIP)数据

C++程序设计/陈恒鑫,熊壮主编.—重庆:重庆大学出版社,2016.2
ISBN 978-7-5624-9677-9

Ⅰ.C… Ⅱ.①陈…②熊… Ⅲ.C语言—程序设计—高等学校—教材 Ⅳ.①TP312

中国版本图书馆CIP数据核字(2016)第028420号

C++程序设计

主 编 陈恒鑫 熊 壮
副主编 杨广超 王 宁 霍敏霞
策划编辑:章 可 陈一柳
责任编辑:陈一柳 版式设计:陈一柳
责任校对:张红梅 责任印制:张 策

*

重庆大学出版社出版发行
出版人:易树平
社址:重庆市沙坪坝区大学城西路21号
邮编:401331
电话:(023) 88617190 88617185(中小学)
传真:(023) 88617186 88617166
网址:http://www.cqup.com.cn
邮箱:fxk@cqup.com.cn(营销中心)
全国新华书店经销
重庆升光电力印务有限公司印刷

*

开本:787×1092 1/16 印张:16 字数:360千
2016年2月第1版 2016年2月第1次印刷
ISBN 978-7-5624-9677-9 定价:32.00元

前言

C++语言是目前使用最广泛的面向对象程序设计语言之一,具有易编写、易维护、易移植、运行高效等特点。C++程序设计课程是各类高等院校理工类专业的必修或重要选修课程。在C++程序设计课程的教学过程中,如何让学生能够更快地入门程序设计技术,如何更快、更深入地理解面向对象程序设计思想,如何提高编写程序和调试程序的实际能力,一直都是C++程序设计课程教师努力思考和实践的问题。本教材在介绍C++语言的语法和解决问题方法的同时,将对上述三方面问题的思考融入到所述内容之中,期望能够更好地引导和帮助读者尽快提高使用C++语言进行程序设计的实际能力。

本教材基于读者已基本掌握C语言并具备初步的程序设计能力基础之上。本书总体结构上分为两个部分,第一部分包括第1章到第3章,主要内容有:C++语言在数据表示和数据输入输出方面对C语言的扩充,C++在函数及其参数传递方面增加的重要特性;C++程序中使用C语言风格处理字符串数据的方法、C++程序中使用string类处理字符串数据的方法;C++语言的文件数据处理基础等。通过第一部分内容的学习,读者可以在C语言程序设计的基础上顺利过渡到C++语言程序设计。第二部分包括第4章到第8章,主要内容有:类与对象的概念以及对象的使用方法;继承与派生的概念,公有继承、私有继承、保护继承等继承方式的概念和使用;多态性的基本概念,运算符重载,虚函数和抽象类;类模板的概念、定义和简单应用,STL编程;异常概念、异常处理以及标准异常处理类的使用。通过第二部分内容的学习,读者可以掌握面向对象程序设计的基本思想、方法和技能。

本书选用Microsoft Visual C++ 6.0作为教学环境,书中的所有教学示例都在Microsoft Visual C++ 6.0集成开发环境中通过。附录中还提供了ASCII码表、使用Visual C++ 6.0集成环境开发C/C++程序的基本方法等重要学习资料。

本书适于高等院校理工类各专业本专科作为程序设计语言类课程教材,同时可作为计算机专业本专科学生、计算机应用开发人员、程序设计爱好者、计算机等级考试应试者在学习程序设计语言和程序设计技术时的参考教材。

本书由陈恒鑫、熊壮主持编写,各章节编写分工如下:陈恒鑫(第5章、第6章),熊壮(第1章、第2章)、杨广超(第7章、第8章)、王宁(第3章)、霍敏霞(第4章),全书由陈恒鑫、熊壮进行内容调整、修改,统一定稿。

本书在编写和出版过程中一直得到重庆大学教务处、重庆大学计算机学院和重庆大学出版社领导的支持和帮助。重庆大学出版社的各位编辑老师为本书的编辑、出版做了大量的工作,编者在此表示衷心的感谢。

限于编者水平,书中错误和不妥之处在所难免,恳请读者不吝赐教。

联系地址:重庆大学计算机学院。

E-mail:chenhengxin@ cqu. edu. cn, xiongz@ cqu. edu. cn

编　者

2016 年 1 月

目 录

第1部分 从C过渡到C++

第2部分 面向对象程序设计基础

第1部分
从C过渡到C++

C++语言并不是一种纯粹的面向对象程序设计语言，在程序设计的过程中，既可以使用C++语言设计面向过程的应用程序，也可以用C++语言设计面向对象的应用程序。

C++语言继承了C语言的所有特点，具有与C语言相同的数据描述方式和程序的基本控制结构。C++语言在数据的描述、数据的输入输出、函数参数的传递、字符串数据的处理、文件数据的处理等方面，不但可以直接使用从C语言继承而来的处理形式，同时又增强了语言在上述各方面的处理能力。

第1章

数据处理与程序基本结构

1.1 数据的表示和数据的输入输出

1.1.1 程序基本结构

C ++语言不但能够编写面向对象的程序,也可以像 C 语言一样编写面向过程的程序。C ++程序设计语言从 C 语言发展而来,继承了 C 语言的各种特点。特别是在编写面向过程的程序时,无论是在数据的表示形式、语句的书写形式还是程序结构上,都与 C 程序类似。下面是 C 程序和 C ++面向过程程序结构形式的比较:

```
/* C 程序结构 */
#include <stdio.h>                    //包含输入输出头文件
int main()
{
  //程序其他代码
  return 0;
}

//C ++程序结构
#include <iostream>                   //包含输入输出流头文件
using namespace std;                  //导入标准命名空间
int main()
{
  //程序其他代码
  return 0;
}
```

比较上面两个单函数构成的 C 程序和 C ++ 程序可以看出,C ++ 面向过程程序从程序的基本构成成分、主函数的结构以及注释语句的书写方法等方面都与 C 程序都非常类似。在书写 C ++ 面向过程程序时,很多地方可以直接借鉴 C 程序的处理方法,包括:数据的描述、语句的书写、程序基本控制结构等。

C ++ 语言的基本控制结构和 C 语言完全相同,采用与 C 语言相同的控制结构表现了分支控制、循环控制、多重循环等程序设计基本技术。

1.1.2 数据表示

与 C 语言类似,C ++ 语言也是一种强类型语言,也必须遵循"先定义后使用"的数据使用原则。C ++ 语言的数据类型分为基本数据类型和导出数据类型两大类。

C ++ 语言的基本数据类型在与 C 语言相同的字符型(char)、整型(int)、单精度实型(float)、双精度实型(double)、空类型(void)的基础之上,又增加了布尔型(bool)数据。C ++ 语言的导出数据类型在 C 语言的数组、指针、结构体、共用体、枚举的基础之上,又增加了引用和类。

布尔型(bool)也称为逻辑型,在 C ++ 语言中用于处理逻辑数据。布尔型数据占用一个字节存储单元,取值只有 true(真)和 false(假)两个。为了向下兼容 C 语言,C ++ 语言中也将 0 值看成 false(假),将非 0 值看成 true(真)。

布尔型变量的定义、初始化、赋值方式与其他基本数据类型相同,下面的代码段说明了布尔变量的使用方法:

```
bool b1 = true, b2;          //定义布尔型变量 b1 和 b2,并将 b1 初始化为真值
b2 = b1;                     //将 b1 赋值给 b2
```

例 1.1 求[1,100]区间内的绝对素数。绝对素数的条件是:一个素数,如果颠倒后还是素数,这个素数就称为绝对素数。例如:13 是素数,31 也是素数,所以 13 和 31 都是绝对素数。

```
/* Name:ex0101.cpp
   布尔型数据使用示例。
*/
#include <iostream>
using namespace std;
bool isprime(int n);                //判断 n 是否素数函数
int revint(int n);                  //求取 n 的颠倒数函数
int main()
{
  int n,ren;
  for(n = 1;n <= 100;n ++)
  {
    ren = revint(n);
```

```
        if(isprime(n)&&isprime(ren))
            cout<<n<<endl;
    }
    return 0;
}
int revint(int n)
{
    int rn=0;
    while(n)
    {
        rn=10*rn+n%10;
        n/=10;
    }
    return rn;
}
bool isprime(int n)
{
    int i;
    if(n<=1)
        return false;
    else if(n==2)
        return true;
    for(i=2;i<n;i++)
        if(n%i==0)
            return false;
    return true;
}
```

上面程序中,函数 isprime 使用布尔型作为函数的返回值类型,当参数 n 是素数时返回 ture,否则返回 false。

1.1.3 数据的输入输出

C++程序中,也可以使用 C 语言的数据输入输出方法,即通过使用 scanf 函数和 printf 函数实现数据的输入输出,但 C++语言更提倡使用标准输入输出对象 cin 和 cout 来实现程序中的数据输入和输出。

1. 输出流对象 cout

cout 对象是 C++语言提供的标准输出对象(亦称为输出流对象),其作用是使用标准输出设备(显示器)输出程序中的信息。cout 对象必须与流插入运算符(<<)一起使用,使用多个流插入运算符可以将多个输出数据传送给 cout 对象。在使用输出流对象的 C++程序中必须包含下面两条语句:

```
#include <iostream>
using namespace std;
```

例 1.2　cout 流对象使用示例。

```
/* Name: ex0102.cpp
   输出流对象 cout 使用示例。
 */
#include <iostream>
using namespace std;
int main()
{
   cout <<"欢迎进入 C++程序设计广阔天地" <<endl;
   cout <<2016 <<'\n';
   cout <<"100.5 +200 * 3 =" <<100.5 +200 * 3 <<endl;

   return 0;
}
```

上面程序演示了使用输出流对象 cout 配合插入运算符进行数据输出的情况,其中插入的 endl 与换行符'\n'意义相同,都表示换行的意思。

2. 输入流对象 cin

cin 对象是 C++语言提供的标准输入对象(亦称为输入流对象),其作用是使用标准输入设备(键盘)为程序中的数据对象提供数据。cin 对象必须与流提取运算符(>>)一起使用,使用多个流提取运算符可以分别为多个数据对象输入数据。在使用输入流对象的 C++程序中必须包含下面两条语句:

```
#include <iostream>
using namespace std;
```

例 1.3　cin 流对象使用示例。

```
/* Name: ex0103.cpp
    输入流对象 cin 使用示例。
 */
#include <iostream>
using namespace std;
int main()
{
   int a,b;
```

```
    double c,d;
    char s1[100],s2[100];
    cout<<"? a: ";
    cin>>a;
    cout<<"? b: ";
    cin>>b;
    cout<<"? c&d: ";
    cin>>c>>d;
    cout<<"? s1: ";
    cin>>s1;
    cout<<"? s2: ";
    cin>>s2;
    cout<<"a="<<a<<",b="<<b<<endl;
    cout<<"c="<<c<<",d="<<d<<endl;
    cout<<"s1: "<<s1<<endl;
    cout<<"s2: "<<s2<<endl;

    return 0;
}
```

上面程序演示了使用 cin 对象配合提取运算符进行数据输入的方法，在每个数据输入语句前面都使用输出流对象 cout 配合插入运算符进行输入数据提示信息显示。程序一次运行情况如下所示：

```
? a: 100                           //以下是数据输入部分
? b: 200
? c&d: 123.456 0.002 354
? s1: string1
? s2: string2
a=100,b=200                        //以下是数据输出部分
c=123.456,d=0.002 354
s1: string1
s2: string2
```

3. 格式化数据输出

使用输出流对象 cout 进行数据输出时，无论什么类型的数据，都能够自动按照正确的默认格式进行输出。如果要求程序按照某种规定的格式显示输出数据，则需要在实现输出的 C++语句中嵌入格式控制符，达到控制输出数据格式的目的。C++语言的格式控制符在头文件 iomanip 中定义，要使用格式控制符必须在程序中包含该头文件。C++语言常用格式控制符及其意义见表 1.1。

表 1.1　C++常用格式控制符

控制符	功能描述
dec	设置基数为 10 进制
hex	设置基数为 16 进制
oct	设置基数为 8 进制
endl	插入换行符,并刷新流
ends	插入空字符
setfill(c)	设置填充字符为 c
setprecision(n)	设置输出数据有效位数(含整数部分和小数部分)为 n 位
setw(n)	设置输出数据域宽为 n 个字符
setiosflags(ios::fixed)	设置浮点数显示数据
setiosflags(ios::scientific)	设置指数(科学技术法)显示数据
setiosflags(ios::left)	设置输出数据左对齐
setiosflags(ios::right)	设置输出数据右对齐
setiosflags(ios::skipws)	设置忽略输出数据的前导空格
setiosflags(ios::uppercase)	设置 16 进制数据大写字母(A~F)输出
setiosflags(ios::lowercase)	设置 16 进制数据小写字母(a~f)输出

在表 1.1 所列出的格式控制符中,最常使用的是 setw 和 setprecision。

setw 为每个输出的数据项指定输出宽度,即用多少个字符位置来显示数据。当输出数据宽度小于 setw 指定的宽度时,空出部分(默认在左边)用空格填充。当输出数据的宽度大于 setw 指定的宽度时,数据按照实际要求输出。setw 仅对紧跟在其后的输出数据项有效,对每一个输出数据项都要用单独的 setw 进行域宽指定。

setprecision 用于设定输出数据的有效位数,有效位数包含了数据的整数部分和小数部分。当输出数据的有效位数小于指定的有效位数时,输出数据按本身实际数据输出。当输出数据的有效位数大于指定的有效位数时,则对输出数据在指定的有效位数后一位进行四舍五入后输出。

例 1.4　编程序求出所有的"水仙花数",并求出这些数据的平均值。要求显示时每个"水仙花数"占 6 个字符宽度,平均值显示 4 位有效数据。

```
/* Name: ex0104.cpp
   格式控制符使用示例。
 */
#include <iostream>
#include <iomanip>
using namespace std;
int main()
```

```
{
  int a,b,c,n,count =0;
  double sum =0;
  for(n =100;n <1000;n ++)
  {
    a = n/100;                    //数 n 的百位
    b = n/10%10;                  //数 n 的十位
    c = n%10;                     //数 n 的个位
    if(a * a * a + b * b * b + c * c * c == n)
    {
      sum += n;                   //累加水仙花数
      count ++;                   //统计水仙花数个数
      cout << setw(6) << n;
    }
  }
  cout << endl;
  cout << setprecision(4);
  cout << "水仙花数平均值:" << sum/count << endl;

  return 0;
}
```

程序运行的结果为:

```
   153   370   371   407
水仙花数平均值:325.3
```

从输出数据的格式可以看出,每个“水仙花数”之间都有 3 个空格,这是由于“水仙花数”只有 3 位,使用 setw(6)域宽输出,前面留有 3 个空格的缘故。“水仙花数”的平均值本来应该是 325.25,由于用 setprecision(4)指定了只显示 4 位有效数据,所以在第 5 个有效数据(小数点后第 2 位)进行四舍五入得到 325.3 进行显示。

C ++程序中,除了使用格式控制符来控制输出数据的格式外,还可以使用 cout 对象的函数成员来实现格式化数据输出。输出流对象 cout 常用的函数成员见表 1.2。

表 1.2　cout 对象常用函数成员

函数成员	功　能
cout. width(n)	设置输出数据项域宽为 n 个字符
cout. precision(n)	设置输出数据的有效位数(含整数部分和小数部分)
cout. setf(格式控制符)	设置输出状态标志,与 setiosflags 功能相同
cout. unsetf(格式控制符)	清除设置的状态标志

其中,cout. width 与 setw 功能相同,同样也仅对紧跟其后的输出数据项起作用,对每一个输出数据项都要单独进行域宽指定。cout. precision 与格式控制符 setprecision 功能相同,用于指定输出数据项的有效数据位数。cout. setf 用于设置输出的状态标志,与格式控制符 setiosflags 功能相似。若要同时设置多个状态标志可以用位或运算符(|)进行连接。常用的状态标志有:

```
ios::fixed
ios::scientific
ios::left
ios::right
ios::skipws
ios::uppercase
ios::lowercase
```

下面是几个常见的设置示例:

```
cout.setf(ios::fixed);              //设置浮点数显示数据
cout.setf(ios::fixed|ios::left);    //设置浮点数显示数据,并且数据左对齐
```

函数成员 cout. unsetf 用于撤销前面用 cout. setf 设置的状态位,例如:

```
cout.unsetf(ios::left);             //撤销设置的输出数据左对齐
```

例 1.5 随机产生 n 个 3 位以内的整数,使用 5 个字符的域宽将它们按左对齐的方式输出;并求出它们的平均值,使用 10 个字符的域宽将其按右对齐方式输出。

```
/* Name: ex0105.cpp
   cout 函数成员使用示例。
 */
#include <iostream>
#include <ctime>                    //包含 C 语言标准库中的 time.h 头文件
using namespace std;
int main()
{
    int n,x;
    double sum=0;
    cout<<"? n: ";
    cin>>n;
    srand(time(NULL));              //初始化随机数发生器
    cout.setf(ios::left);           //设置输出数据左对齐
    for(int i=0;i<n;i++)
    {
        x=rand()%1000;              //产生 3 位以内的随机数赋值给 x
        sum+=x;
        cout.width(5);              //设置 5 位的域宽
```

```
    cout << x;
  }
  cout << endl;
  cout << "平均值为:";
  cout.unsetf(ios::left);               //撤销输出数据左对齐
  cout.width(10);
  cout << sum/n << endl;

  return 0;
}
```

程序的一次运行结果为:

```
  ? n:5                                 //键盘输入 n 值 5
  757  64  78  884  75                  //域宽为 5 输出随机数,左对齐(空格在数后面)
  平均值为:       371.6                 //域宽为 10 输出平均值,右对齐(空格在数前面)
```

4. 输入数据时的域宽控制

在使用 cin 流对象输入数据时,也可以指定域宽。输入时的域宽指定指示了从输入流中截取多少个字符作为输入数据送给指定的数据对象。cin 流对象的输入域宽即可以使用 setw 控制符实现,也可以使用 cin 对象的 width 函数成员实现。值得注意的是,这种输入时的域宽指定只在字符串输入的时候有效。

例 1.6 输入字符串时指定域宽示例。

```
/* Name: ex0106.cpp
   cin 对象的域宽指定示例。
 */
#include <iostream>
#include <iomanip>
using namespace std;
int main()
{
  char s1[10],s2[10];
  cout << "? s1: ";
  cin >> setw(10) >> s1;                //指定从输入流中截取 9 个字符给 s1
  cin.width(12);                        //指定从输入流中截取 11 个字符给下一个输入数
                                          据对象
  cin >> s2;
  cout << "s1: " << s1 << endl;
  cout << "s2: " << s2 << endl;
```

```
    return 0;
}
```

上面程序运行时,如果输入数据是:abcdefghijklmnopqrstuvwxyz,cin 对象将从输入流中截取 9 个字符作为 s1 的有效字符,并在其后添加字符串结尾标志'\0'构成字符串 s1,然后从输入流剩下的数据中截取 11 个字符作为 s2 的有效字符,并在其后添加字符串结尾标志'\0'构成字符串 s2。故程序的输出结果为:

```
s1:abcdefghi
s2:jklmnopqrst
```

1.2 函　数

1.2.1 概　述

C++语言是一种即可以编写面向过程的程序,又可以编写面向对象程序的程序设计语言。在编写面向过程程序时,与 C 语言编写程序的方式基本一致,完全实现了模块化程序设计技术。

在 C++语言面向过程程序的设计中,无论是在模块的划分、函数的定义、函数的声明,还是函数的调用以及函数调用时参数的传递过程都与 C 程序设计基本完全一致。在函数的调用方式上,同样有嵌套调、递归调用。下面通过几个示例回顾一下这方面的知识。

例 1.7　函数的声明和调用示例。

```
/* Name: ex0107.cpp
   函数的定义、声明和调用示例。
 */
#include <iostream>
using namespace std;
int main()
{
    int add(int x,int y);              //对函数 add 的声明
    int a,b,c;
    cout << "Input a and b: ";
    cin >> a >> b;
    c = add(a,b);                      //对函数 add 的调用
    cout << "sum = " << c << endl;

    return 0;
}
int add(int x,int y)                   //函数 add 的定义
{
```

```
    int z;
    z = x + y;
    return z;
}
```

程序运行时,从键盘输入数据:10 20,程序运行结果如下:

```
sum = 30
```

例 1.8　地址值参数传递函数调用示例。

```
/* Name: ex0108.cpp
   地址值参数传递函数调用示例。
*/
#include <iostream>
using namespace std;
void swap(int *x,int *y);
int main()
{
    int a=3,b=5;
    cout<<"swap 函数调用前:"<<a<<","<<b<<endl;
    swap(&a,&b);
    cout<<"swap 函数调用后:"<<a<<","<<b<<endl;

    return 0;
}
void swap(int *x,int *y)
{
    int t;
    t = *x, *x = *y, *y = t;
}
```

上面程序使用指针变量作为函数 swap 的形式参数,在 swap 函数中使用指针指向的对象(就是对应的实参)作为操作对象,实现了实参数据值的交换。程序运行时的输出结果为:

```
swap 函数调用前:3,5
swap 函数调用后:5,3
```

例 1.9　编写求和函数并通过该函数求数组的元素值和。

```
/* Name:ex0109.cpp
   数组参数传递函数调用示例。
*/
#include <iostream>
#include <iomanip>
```

```
using namespace std;
#define N 10
int main()
{
   int sum(int v[],int n);
   int a[N] = {1,2,3,4,5,6,7,8,9,10},total;
   total = sum(a,N);
   cout << "total = " << setw(5) << total << endl;

   return 0;
}
int sum(int v[],int n)
{
   int i,s =0;
   for(i =0;i < n;i ++)
      s += v[i];
   return s;
}
```

上面程序中函数 sum 的原型为:int sum(int v[],int n);,表示了该函数在被调用时应该传递一个整型的数组给一维数组形式参数 v[],数组的长度传递给整型变量 n,函数 sum 的功能是将用形式参数 v 表示的长度为 n 的数组元素求和。主函数通过函数调用表达式 sum(a,N)调用函数 sum,调用时将数组名作为实际参数(也可以用 &a[0]作为实际参数)传递给函数 sum 的形式参数 v。一维数组样式形式参数 v 本质上是一个指针变量,通过参数传递获取了主调函数中数组 a 的首地址,从而可以操作 a 数组,可以认为形式参数 v 就是实际参数 a 数组在函数 sum 中的另外一个名字,在 sum 函数中操作 v 数组实质上就是操作主调函数中的 a 数组,程序执行的结果为:total =55。

例 1.10 编写程序使用递归方式求 n!。

```
/* Name: ex0110.cpp
   函数的递归调用示例。
 */
#include <iostream>
using namespace std;
int fac(int n);
int main()
{
   int n,result;
   cout << "Input the n: ";
   cin >> n;
```

```
    result = fac(n);
    cout << "result = " << result << endl;

    return 0;
}
int fac(int n)
{
    if(n <= 1)
        return 1;
    else
        return fac(n - 1) * n;
}
```

程序的一次运行情况为：

```
    Input the n:10
    result = 3628800
```

在多个函数构成的C++程序中,同样有变量的作用域和生存期问题。在这些方面,C++语言完全继承了C语言的特点。下面通过两个示例回顾全局变量和局部静态变量方面的知识。

例1.11　全局变量与局部变量作用域重叠时使用变量示例。

```
/* Name:ex0111.cpp
   全局变量与局部变量关系示例。
 */
#include <iostream>
using namespace std;
void f1();
int x;                                  //定义全局变量x,初值为0
int main()
{
    int x = 10;
    {
        int x = 20;
        cout << "复合语句中:x = " << x << endl;
    }
    cout << "主函数中:x = " << x << endl;
    f1();
    return 0;
}
void f1()
```

```
{
    cout << "函数 f1 中:x = " << x << endl;
}
```

上面程序的执行结果为(注意输出顺序):

```
复合语句中:x = 20
主函数中:x = 10
函数 f1 中:x = 0                //全局变量 x 没有显式初始化,默认的初始化值为 0
```

例 1.12　静态局部变量与自动变量的比较示例。

```
/* Name: ex0112.cpp
   局部静态变量与自动变量比较示例。
 */
#include <iostream>
using namespace std;
int main()
{
    void f1();
    f1();
    f1();

    return 0;
}
void f1()
{
    int a = 10;
    static int b = 10;
    a += 100;
    b += 100;
    cout << "a = " << a << "b = " << b << endl;
}
```

上面程序的运行结果为:

```
a = 110, b = 110
a = 110, b = 210
```

分析上面的运行结果可知,自动变量 a 每次函数调用时都是互不相同的,所以两次输出均为 110。局部静态变量 b 在函数的多次调用中具有可继承性,第二次 f1 函数调用时,静态变量 b 使用的是第一次调用修改后的值,所以第二次会输出 120。

1.2.2　函数的引用参数

C ++ 语言在函数调用时参数的传递上,支持从 C 语言继承而来的数值参数传递和地址值参数(包括指针、数组)传递。为了避免指针参数传递有可能产生的危险,C++语言提供了函数调用中的引用参数传递。

1. 引用的概念

C++语言中的引用变量(简称为引用),表示的是另外一个变量的别名。对引用变量的任何修改都直接影响到它所引用(代表)的那个变量。定义引用变量时,必须要指明其所引用(代表)的同类型变量。定义引用的一般形式是:

<数据类型名> &<引用变量名>=<被引用变量名>;

例如下面的程序段就说明了变量 x 和引用变量 y 之间的关系:

```
double x;
double &y = x;
```

在上面的定义中,引用变量 y 是变量 x 的引用,也可以认为是变量 x 有了一个别名 y,对引用 y 的任何操作都会直接反映到变量 x 上。例如:y = 100.123;实质上是将数值100.123赋值给了变量 x。

2. 引用做函数的形式参数

通过在函数中使用引用做形式参数,可以实现指针形式参数同样的功能,并且比使用指针形式参数更加安全一些。

定义引用形式参数时,只需要在形参变量名前加上符号 & 即可。如果一个函数中具有多个引用形式参数,每个引用参数前都需要加符号 &。

调用具有引用参数的函数时,对应的实参直接使用变量名即可。但需要注意的是,对应引用参数的实参只能是变量,而不能是常量值或者表达式。

例 1.13 重写例 1.8,使用引用参数实现实参数据的交换。

```
/* Name: ex0113.cpp
   引用参数传递函数调用示例。
 */
#include <iostream>
using namespace std;
void swap(int &x,int &y);
int main()
{
    int a =3,b =5;
    cout <<"swap 函数调用前:" <<a <<"," <<b <<endl;
    swap(a,b);  //注意:调用时直接使用实参变量名
    cout <<"swap 函数调用后:" <<a <<"," <<b <<endl;

    return 0;
}
void swap(int &x,int &y)
```

```
{
    int t;
    t = x, x = y, y = t;
}
```

程序的执行结果是:

```
swap 函数调用前:3,5
swap 函数调用后:5,3
```

读者可对照例 1.8 程序对上面程序进行分析,掌握引用参数函数调用的特点。特别值得注意的是,函数调用时的实参要直接使用实参变量名。

1.2.3 函数的默认参数

函数调用时,一般应该是实参和形参一一对应。C++程序中,允许函数调用时实参和形参的个数不相同。这种特性通过函数的默认参数实现,函数的默认参数也可称为函数的缺省参数。

当具有默认参数的函数有声明语句存在时,默认参数在声明语句中给出后,函数定义中不再指定。如果具有默认参数的函数没有声明语句,则默认参数在函数定义中指定。

默认参数应该出现在函数形式参数表的右边,即在指定了默认参数值的形参出现后,就不允许在其后再出现没有默认参数值的形式参数。

例如,实现三个实型数据相加的函数 add,具有默认参数的原型可以是:

```
double add(double x, double y, doubel z = 1.23);
double add(double x, double y = 2.57, double z = 1.23);
double add(double x = 0.56, double y = 2.57, double z = 1.23);
```

但不能在默认参数后出现非默认参数,例如下面的原型书写是错误的。

```
double add(double x, double y = 2.57, double z);
```

函数调用时,如果对应默认参数位置上省略了实际参数,则将默认的参数值赋值给函数的形式参数。下面示例演示了函数默认参数的使用。

例 1.14　函数默认参数使用示例。

```
/* Name: ex0114.cpp
   函数默认参数使用示例。
*/
#include <iostream>
using namespace std;
double add(double x = 0.56, double y = 2.57, double z = 1.23);
int main()
{
    double total1, total2, total3, total4;
    total1 = add();                    //全部参数使用默认值
    total2 = add(1.0);                 //参数 y 和 z 使用默认值
```

```
    total3 = add(1.0,2.0);                    //参数 z 使用默认值
    total4 = add(1.0,2.0,3.0);                //全部使用实参值
    cout << "total1 = " << total1 << endl;
    cout << "total2 = " << total2 << endl;
    cout << "total3 = " << total3 << endl;
    cout << "total4 = " << total4 << endl;

    return 0;
}
double add(double x,double y,double z)
{
    double sum;
    sum = x + y + z;
    return sum;
}
```

上面程序的函数调用时,对于 add(),由于没有实参值,所有参数都使用默认值;对于 add(1.0),实参值 1.0 传递给形参 x,其余两个参数使用默认值;对于 add(1.0,2.0),实参值 1.0 和 2.0 依次传递给形参 x 和 y,形参 z 使用默认值;对于 add(1.0,2.0,3.0),实参 1.0、2.0 和 3.0 依次传递给形参 x、y 和 z。程序的运行结果如下所示:

```
total1 = 4.36
total2 = 4.8
total3 = 4.23
total4 = 6
```

1.2.4 内联函数

函数的定义实现了程序的模块化,可以减少程序的目标代码,在一定程度上实现程序代码和数据的共享。但是,函数调用有一个"保留现场"→"转移到被调函数执行"→"恢复现场"的过程,这些过程都会产生系统时间和空间开销,频繁的函数调用会降低系统运行效率。

对于一些函数体代码不是很多但又被频繁调用的简单函数,C 语言通过定义宏代换来提高程序的执行效率,而 C++ 语言则提倡使用内联函数来实现提高程序执行效率。

内联函数的调用机制不同于一般的函数调用。在程序被编译时,编译器将程序中出现的内联函数调用,直接采用函数体进行替换。这样的处理方式使得函数被调用时不再转来转去,而是直接执行被嵌入的函数体代码。

由于编译时将内联函数的代码直接嵌入到了调用点,将函数调用处理成为了顺序执行,虽然降低了程序执行的系统开销,但也会增大目标程序的代码量。内联函数的实现是以增加目标程序代码量为代价来换取执行时间上的效率。

定义内联函数时,只需要在函数的返回值类型之前加上关键字 inline 即可,内联函数定义的一般形式是:

```
inline <返回值类型> <函数名>(<形式参数表>)
{
   //函数代码
}
```

定义内联函数需要注意下面两点：

①内联函数必须是简单的函数，在函数体内不允许出现循环、嵌套 if 语句或者 switch 语句。如果不小心出现了这种问题，编译器会将该函数作为一般函数处理。

②可以在函数的定义和声明中同时使用关键字 inline，当函数定义出现在调用点之后时，在函数的声明语句中必须使用 inline 关键字指定，否则函数会被作为一般函数处理。

例1.15 编写程序实现功能：键盘输入一个字符串，将字符串中的数字字符提取出来，按照出现的原序构成一个整数并输出。例如，输入字符串为：s12sdkjf34jskdj6ksdjf,798 时，输出的整数是：12346798。

```
/* Name: ex0115.cpp
   内联函数使用示例。
 */
#include <iostream>
using namespace std;
inline bool isdigit(char c);
int main()
{
   char s1[100];
   int sum = 0;
   cout << "? s1: ";
   cin >> s1;
   for(int i = 0;s1[i];i ++ )
      if(isdigit(s1[i]))
         sum = sum * 10 + s1[i] - '0';
   cout << "sum = " << sum << endl;

   return 0;
}
inline bool isdigit(char c)
{
   return c >= '0' &&c <= '9'? true:false;
}
```

上面程序中，判断一个字符是否数字的函数 isdigit 满足功能简单，多次调用的特点，使用内联函数进行定义。程序一次执行情况为：

```
? s1: s12sdkjf34jskdj6ksdjf,798
sum = 12346798
```

1.2.5 函数重载

C 程序中,规定函数的名字不能重复,但 C ++ 程序中允许多个函数具有相同的名字,称为函数的重载。C ++ 程序中的函数重载就是在程序中可以定义多个具有相同名字,但具有不同的参数类型或者不同的参数个数的函数。在有函数重载的 C ++ 程序中,函数调用时不但要根据函数的名字,而且还要根据函数参数表的不同来选择函数。

特别需要注意的是,不能依靠不同的返回值类型来区分重载函数,重载函数必须要有不同的形式参数表。

例 1.16 编写程序实现分别实现:求两个整数的平均值;求两个实数的平均值,求三个整数的平均值。

```
/* Name: ex0116.cpp
   函数重载示例。
 */
#include <iostream>
using namespace std;
double average(int x,int y);
double average(double x,double y);
double average(int x,int y,int z);
int main()
{
  cout << average(10,20) << endl;          //调用具有两个整型参数的 average
  cout << average(10.5,20.5) << endl;      //调用具有两个实型参数的 average
  cout << average(15,20,33) << endl;       //调用具有三个整型参数的 average

  return 0;
}
double average(int x,int y)
{
  return (x+y)/2.0;
}
double average(int x,int y,int z)
{
  return (x+y+z)/3.0;
}
double average(double x,double y)
{
  return (x+y)/2;
}
```

上面程序中，根据要求编制了三个具有不同形式参数表的重载函数 average，主函数中调用 average 函数时，依据调用时提供的实参个数和类型不同选择重载函数中的一个予以调用执行（参见程序中的注释）。程序执行的结果如下所示：

```
15
15.5
22.6667
```

1.2.6　函数模板

C++语言提供的函数重载解决了相同的模块功能使用相同函数名的问题。但在重载函数的设计中，需要对每个重载函数分别写出执行代码，即使这些函数具体实现的操作完全相同也要分别编写重复的代码。例如，求整型数据平方和求实型数据平方的功能，可以使用下面的函数重载进行处理：

```
int square(int n)
{
    return n * n;
}
double square(double n)
{
    return n * n;
}
```

从两个重载函数 square 可以看到，虽然两个函数的函数体完全一致，也必须写成两个不同的函数。C++语言中提供了一种将这两个函数体的描述整合到一起的方法，就是使用函数模板。

C++语言提供的函数模板是实现代码重用的重要工具之一，代码重用是面向对象程序设计的重要目标，也是C++语言的一个重要特征。使用函数模板可以设计出通用的函数，这些函数能够接受任意类型的参数，可以返回任意类型的值，而不需要对所有可能的数据类型进行函数重载。在具有函数模板的程序执行过程中，遇到函数调用时，将根据提供的实参类型结合函数模板产生特定的执行代码。函数模板定义的一般形式为：

```
template <类型参数表> 返回值类型 函数名(形式参数表)
{
    //函数体代码
}
```

例如，上面关于求平方的功能，可以定义如下所示的函数模板实现：

```
template <class T> T square(T n)
{
    return n * n;
}
```

square 函数模板仅仅是定义了一个函数的样子，并不是一个真正意义上的函数，编译器不会为其产生任何可执行代码。当使用：int x = 5; square(x); 语句序列进行函数调用时，编译器才会自动产生出相应的函数代码：

```
int square( int n)
{
  return n * n;
}
```

例 1.17 编写程序实现功能：随机产生若干整数或者实数，求出它们的平方数并输出。

```
/* Name: ex0117.cpp
   函数模板使用示例。
 */
#include <iostream>
#include <iomanip>
#include <ctime>
using namespace std;
template <class T> T square(T n)
{
  return n * n;
}
int main()
{
  int n,xint;
  double xdouble;
  srand(time(NULL));
  for(int i = 1;i <= 10;i ++)
  {
    n = 10 + rand()%90;                //产生两位随机整数 n
    if(n%2)
    {
      xint = rand()%1000;              //当 n 是奇数时产生 3 位以内的随机整数
      cout << "整数平方值:" << setw(8) << square(xint) << endl;
    }
    else
    {
      xdouble = rand()%10000 * 1e-2;   //当 n 是偶数时产生具有两位小数的实数
      cout << "实数平方值:" << setw(8) << square(xdouble) << endl;
    }
```

```
    }
    cout << endl;

    return 0;
}
```

上面程序中,首先定义了求平方数的函数模板 square。在主函数中 for 循环执行过程中,首先随机产生一个两位的整数,根据该整数是奇数还是偶数分别产生随机整数或者随机实数,并通过函数调用 square(xint)或者 square(xdouble)自动将函数模板转换为对应的函数实现求平方数的功能。程序一次执行的结果如下所示:

```
整数平方值:  400689
实数平方值: 4165.41
整数平方值:  321489
整数平方值:    2809
整数平方值:   39204
整数平方值:   69169
实数平方值: 2626.56
整数平方值:   92416
整数平方值:  678976
整数平方值:  556516
```

C++语言不仅支持函数的重载,同样也支持函数模板的重载。函数模板的重载也是根据模板中形式参数的不同进行区分的。

例 1.18 重载函数模板,一个具有两个同类型参数,一个具有三个同类型参数。

```
/* Name: ex0118.cpp
   函数模板重载使用示例。
 */
#include <iostream>
using namespace std;
template <class T> T add(T n1,T n2)
{
   return n1 + n2;
}
template <class T> T add(T n1,T n2,T n3)
{
   return n1 + n2 + n3;
}
int main()
{
   cout << add(10,20) << endl;
```

```
    cout << add(10.5,20.6) << endl;
    cout << add(1,2,3) << endl;
    cout << add(1.5,2.5,3.5) << endl;

    return 0;
}
```

上面程序执行时,前面两次 add 函数调用会通过具有两个参数的函数模板自动生成对应的函数,后面两次 add 函数调用会通过具有三个参数的函数模板自动生成对应的函数。程序执行的结果如下所示:

```
30
31.1
6
7.5
```

习　题

一、单项选择题

1. 下面选项中,正确的用户标识符是(　　)。

A. 2LIN　　B. float　　C. time　　D. a1_time

2. C ++ 语言中,基本数据类型的划分是按照(　　)。

A. 数的种类　　B. 数的大小　　C. 数的位数　　D. 在内存中所占字节数

3. 在 C ++ 语言中,类型名 bool 表示的数据类型是(　　)。

A. 整型　　B. 字符型　　C. 布尔型　　D. 双精度实型

4. 设有:int a = 10, b = 3; float c; 执行 c = a/b; 语句后,c 正确的值应该是(　　)。

A. 0　　B. 0.0　　C. 3.0　　D. 3.3333333

5. 设有:int a, b, c; a = b = c = 1;,表达式 ++a || ++b && ++c 执行后变量 c 的值是(　　)。

A. -1　　B. 0　　C. 2　　D. 1

6. 下面选项中,不能作为函数重载判断依据的是(　　)。

A. const　　B. 返回值类型　　C. 形式参数个数　　D. 形式参数类型

7. C ++ 程序中,在函数定义前面加上 inline 关键字,表示该函数被定义为(　　)。

A. 重载函数　　B. 内联函数　　C. 成员函数　　D. 普通函数

8. 下面所列选项中,对函数参数的默认值描述正确的是(　　)。

A. 函数的默认参数值只能设定一个

B. 对于有多个形参的函数,默认参数值的设定可以不连续

C. 一旦设定默认参数值,所有参数都必须设定

D. 设定某参数的默认值后,其后面的所有参数都要设定默认值

9. 设有函数的原型为:void fun(int &k);,变量定义:int n = 100;,则下面对 fun 调用正确的表达式是(　　)。

A. fun(n)　　B. fun(n+20)　　C. fun(20)　　D. fun(&n)

10. 设有如下所示的函数模板,下面的函数调用中错误的是(　　)。

```
template <class T> T func(T x, T y)
{
    return x * x + y * y;
}
```

A. func(3, 5)　　B. func(3.0,5.5)　　C. func(3,5.5)　　D. func <int >(3,5.5)

二、程序设计题

1. 求出在1~1 000的整数中能同时被3、5、7整除的数,输出满足条件的数以及它们的平均值。

2. 编写程序求解爱因斯坦阶梯问题。设有一阶梯,每步跨2阶,最后余1阶;每步跨3阶,最后余2阶;每步跨5阶,最后余4阶;每步跨6阶,最后余5阶;只有每步跨7阶时,正好到阶梯顶。问共有多少步阶梯?

3. 函数的原型为:void dis(int n);,其功能是将任意一个正整数n的立方分解成n个连续的奇数之和。例如:当n为4时,输出13,15,17,19,即$4^3=13+15+17+19$。请编制函数dis并用相应主函数进行测试。

4. 编写一个递归函数计算Hermite多项式,$H_n(x)$定义为:

$$H_n(x)=\begin{cases}H_0(x)=1 & n=0\\ H_1(x)=2x & n=1\\ H_n(x)=2xH_{n-1}(x)-2(n-1)H_{n-2}(x) & n>1\end{cases}$$

5. 通过调用函数mysincos同时获取x(角度值)的正弦函数值和余弦函数值。请设计函数mysincos,并用相应主函数测试。

6. 通过3个整数调用函数sum时,求得这3个整数的和;通过3个实数调用函数sum时,求得这3个实数的和;请用函数模板的方法实现程序功能。

第2章

数组和字符串

2.1 概　述

C ++ 语言完全继承了 C 语言数组和字符串的处理方式,即在 C ++ 程序中,可以按照 C 语言的方式对数组和字符串进行操作。

2.1.1 数　组

C ++ 程序中,无论是数组的定义方式,数组元素的表示形式,数组在内存中的存放方式以及数组做函数参数的处理方式都和 C 语言完全相同。数组存储时仍然占用连续的存储单元,多维数组仍然按行序存放,数组名仍然表示数组在内存中存放的首地址。

C ++ 程序中,定义数组的一般形式为:

<数据类型名> 数组名[长度 1][长度 2]…;

例如,double a1[10],a2[5][10];表示同时定义了一个长度为 10 的 double 型数组 a1 和一个 5 行 10 列的 double 型数组 a2。

C ++ 程序中仍然使用下标变量的形式访问数组元素,其一般形式为:

数组名[下标]　　　　　　　//一维数组元素的表示形式

数组名[下标 1][下标 2]…　　//多维数组元素的表示形式

例 2.1　C ++ 程序数组访问示例。

```
/* Name: ex0201.cpp
  数组定义和访问示例。
*/
#include <iostream>
#include <iomanip>
#include <ctime>
```

```
using namespace std;
const int n=5;
int main()
{
   int a1[n],i,j;
   double a2[n][n];
   cout<<"请输入数组 a1 的 5 个元素值:";
   for(i=0;i<n;i++)
      cin>>a1[i];
   srand(time(NULL));
   for(i=0;i<n;i++)
      for(j=0;j<n;j++)
         a2[i][j]=rand()%10000*1e-2;
      for(i=0;i<n;i++)
         cout<<setw(5)<<a1[i];
      cout<<endl;
   for(i=0;i<n;i++)
   {
      for(j=0;j<n;j++)
         cout<<setw(7)<<a2[i][j];
      cout<<endl;
   }

   return 0;
}
```

上面程序运行时,首先按提示信息输入整型数组 a1 的 5 个元素值,然后用随机实数填充实型数组 a2,最后输出两个数组所有元素值。程序一次运行情况如下所示:

```
请输入数组 a1 的 5 个元素值:1 2 3 4 5
    1    2    3    4    5
   2.23  15.63   1.59   4.22  90.98
  75.85  45.33  71.35  88.95   88.2
  68.57  11.35  69.87  20.27  72.22
   0.21  48.68  16.03  21.78  25.43
  27.32   7.91     12   5.79  57.81
```

C++程序中,数组做函数参数时仍然是实现传地址值调用。在被调函数中,通过形参数组的名字直接操作实参数组。

例 2.2 编制能够实现求任意行列数二维数组中最大元素值的函数,并用相应的主函数进行测试。

```
/* Name: ex0202.cpp
  数组做函数参数使用示例。
*/
#include <iostream>
#include <ctime>
#include <iomanip>
using namespace std;
const int M=3,N=4;
int max(int v[],int m,int n);
void printarr(int v[],int m,int n);
int main()
{
  int a[M][N],i,j;
  srand(time(NULL));
  for(i=0;i<M;i++)
    for(j=0;j<N;j++)
      a[i][j]=rand()%1000;
  cout<<"Max value is:"<<max(a[0],M,N)<<endl;
  printarr(*a,M,N);

  return 0;
}
int max(int v[],int m,int n)
{
  int i,j,maxv;
  maxv=v[0];
  for(i=0;i<m;i++)
    for(j=0;j<n;j++)
      if(v[i*n+j]>maxv)
        maxv=v[i*n+j];
  return maxv;
}
void printarr(int v[],int m,int n)
{
  int i,j;
  for(i=0;i<m;i++)
  {
    for(j=0;j<n;j++)
```

```
            cout << setw(5) << v[i * n + j];
        cout << endl;
    }
}
```

上面程序中,由于需要处理任意行列数的二维数组,函数 max 和 printarr 都使用了一维数组样式的数组形式参数,在处理时通过一维下标形式 v[i * n + j]访问二维数组的 i 行 j 列元素。程序的一次执行情况如下所示:

```
Max value is:996
968   513   959   828
996   674   194   115
342   635   550   762
```

2.1.2 字符串

C++语言继承了 C 语言使用字符数组处理字符串数据的方式,从字符数组的定义、字符数组的初始化、字符数组的处理等方面都和 C 语言完全一致。

例如,下面定义了两个字符数组,其中一个进行了初始化:

```
char s1[100],s2[100] = "This is a string.";
```

在为字符数组输入值时,即可以通过循环依次输入字符数组的元素值,也可以将字符串作为整体直接输入到字符数组中。

使用单个字符方式循环为字符数组赋值时,常用的方式是直接使用 cin 流对象或者使用 cin 流对象的 get 函数成员。两者的不同之处在于,cin 流对象遇到输入流中的空白符(空格、Tab 键、换行符)时,将略过而不读取;cin 流对象的 get 函数成员将会依次读取输入流中的所有类型字符。例 2.3 演示了这两种输入方式的不同之处,请仔细分析。

例 2.3　使用循环依次处理字符数组元素示例。

```
/* Name: ex0203.cpp
   单个字符方式输入字符数组值。
 */
#include <iostream>
using namespace std;
int main()
{
    char s1[10],s2[10];
    int i;
    for(i = 0;i < 10;i ++)
        cin >> s1[i];
    for(i = 0;i < 10;i ++)
        cout << s1[i];
    cout << endl;
```

```
    for(i =0;i <10;i ++)
        cin. get(s2[i]);
    for(i =0;i <10;i ++)
        cout << s2[i];
    cout << endl;

    return 0;
}
```

程序运行时,两次输入同样的字符序列:a b c d e f g h i j,由于 cin 会跳过所有的空格字符,所以字符数组 s1 中的内容是:abcdefghij;cin 的 get 函数不会跳过空格字符,所以字符数组 s2 中的内容是:a b c d e。程序一次执行的情况如下所示:

```
a b c d e f g h i j            //为数组 s1 提供的输入字符流
abcdefghij                     //数组 s1 中的内容
a b c d e f g h i j            //为数组 s2 提供的输入字符流
a b c d e                      //数组 s2 中的内容
```

通过输入流对象 cin 可以将字符串数据作为整体输入到字符数组中,通过输出流对象 cout 可以将字符数组中的内容(以'\0'作为结束符)整体输出。字符串输入时,也可以采用 cin 流对象的 getline 函数成员。

例如:
```
char s1[100];
cin >> s1;            //输入字符串 s1 内容
cout << s1;           //输出字符串 s1 内容
```

C ++ 从 C 继承了所有关于字符处理的宏和字符串处理的标准函数。C ++ 程序中使用字符处理宏时需要包含头文件 cctype,使用字符串处理标准函数时需要包含头文件 cstring。常用的字符处理宏见表 2.1,常用的字符串处理函数见表 2.2。

表 2.1 常用字符分类标准函数(头文件:cctype)

函数原型	功能解释
int isalpha(int ch);	若 ch 是字母('A'-'Z','a'-'z')返回非 0 值,否则返回 0
int isdigit(int ch);	若 ch 是数字('0'-'9')返回非 0 值,否则返回 0
int isspace(int ch);	若 ch 是空格(''),水平制表符('\t'),回车符('\r'),走纸换行('\f'),垂直制表符('\v'),换行符('\n')返回非 0 值,否则返回 0
int isupper(int ch);	若 ch 是大写字母('A'-'Z')返回非 0 值,否则返回 0
int islower(int ch);	若 ch 是小写字母('a'-'z')返回非 0 值,否则返回 0
int toupper(int ch);	若 ch 是小写字母('a'-'z')返回相应的大写字母('A'-'Z')
int tolower(int ch);	若 ch 是大写字母('A'-'Z')返回相应的小写字母('a'-'z')

表 2.2 常用字符串处理标准函数(头文件:cstring)

函数原型	功能解释
double atof(char *s);	将字符串 s 转换成双精度浮点数并返回，错误返回 0
int atoi(char *s);	将字符串 s 转换成整数并返回，错误返回 0
long atol(char *s);	将字符串 s 转换成长整数并返回，错误返回 0
size_t strlen(const char *s);	返回字符串 s 的长度,即字符数
char *strcpy(char *st,char *sr);	将字符串 sr 复制到字符串 st,失败返回 NULL
char *strcat(char *st,char *sr);	将字符串 sr 连接到字符串 st 末尾,失败返回 NULL
char *strchr(char *str,int ch);	找出在字符串 str 中第一次出现字符 ch 的位置,找到就返回该字符位置的指针(也就是返回该字符在字符串中的地址的位置),找不到就返回空指针(就是 null)
int strcmp(char *s1,char *s2);	比较字符串 s1 与 s2 的大小,并返回结束部分串 s1 - 串 s2 对应字符值,相等返回 0
char *strncat(char *st, const char *sr,size_t len);	将字符串 sr 中最多 len 个字符连接到字符串 st 尾部
int strncmp(const char *s1, const char *s2,size_t len);	比较字符串 s1 与 s2 中的前 len 个字符,如果配对返回 0
char *strncpy(char *st, const char *sr,size_t len);	复制 sr 中的前 len 个字符到 st 中
char *strrev(char *s);	将字符串 s 中的字符全部颠倒顺序重新排列,并返回颠倒后的字符串
char *strstr(const char *s1, const char *s2);	找出在字符串 s1 中第一次出现字符串 s2 的位置(也就是说字符串 s1 中要包含有字符串 s2),找到就返回该字符串位置的指针(也就是返回字符串 s2 在字符串 s1 中的地址的位置),找不到就返回空指针(就是 null)

例 2.4 编写程序实现功能:输入一个字符串,将其中的英语字母大小写对换,其余字符保持不变。

```
/* Name: ex0204.cpp
   字符处理宏使用示例。
 */
#include <iostream>
#include <cctype>
using namespace std;
int main()
```

```
{
  char s[100];
  int i;
  cout << "请输入字符串:";
  cin >> s;
  for(i=0;s[i]!='\0';i++)          //依次读取字符串中的所有字符进行处理
    if(isupper(s[i]))
      s[i]=tolower(s[i]);          //s[i]+=32;
    else if(islower(s[i]))
      s[i]=toupper(s[i]);          //s[i]-=32;
  cout << "转换后的结果是:" << s << endl;

  return 0;
}
```

程序在对字符串进行处理时,用循环表达依次取出字符串中所有字符进行处理的控制过程,请读者回忆并理解对于字符数组(字符串)为什么不用数组本身的长度进行循环控制。程序一次运行的结果是:

请输入字符串:abcdefg12345ABCDEFG(*)&^%^&&ABCD

转换后的结果是:ABCDEFG12345abcdefg(*)&^%^&&abcd

例2.5 字符串处理函数综合使用示例。反复从键盘上输入若干字符串(直到输入空串为止),判断输入的字符串是否回文字符串,是回文字符串时输出提示信息“Yes”,否则输出提示信息“No”。

```
/* Name: ex0205.cpp
  字符串处理函数综合使用示例。
*/
#include <iostream>
#include <cstring>
using namespace std;
int main()
{
  char s[200]="",t[200];
  while(1)
  {
    cout << "请输入字符串进行判断,直接按回车键退出!" << endl;
    cin.getline(s,200);            //用cin流对象的getline函数成员输入字符串数据
    if(strlen(s)==0)               //若输入时直接按回车键
      break;
    strcpy(t,s);                   //拷贝获取的字符串生成字符串t
```

```
        strrev(t);                          //将字符串 t 颠倒
        if(strcmp(s,t)==0)
            cout<<s<<"是回文字符串"<<endl;
        else
            cout<<s<<"不是回文字符串"<<endl;
    }

    return 0;
}
```

2.2 string 类

C++程序中,除了可以按照C语言的方式处理字符串数据外,还可以使用C++语言提供的string类型对象。string类型提供了更加简洁的字符串处理方法。

2.2.1 C++string 类概念

C风格处理字符串时,使用字符数组作为字符串的载体,一不小心可能出现数组越界的错误,而且不太容易发现这类错误。为了避免出现类似错误,C++语言中提供了string数据类型专门用于处理字符串数据。

string类型的变量用于存放字符串数据,也称为string对象。string类型并不是C++语言的基本数据类型,而是C++语言标准模板库中的一个类。关于类的知识将在后面的章节予以讨论,现在只需要考虑如何使用string对象处理字符串数据。在C++程序中,如果要使用string类型处理字符串数据,必须要包含头文件string。

定义string类型对象的方法类似于定义普通变量,其一般形式为:

```
string <变量名>…;
```

例如:

```
string str1;                //定义了一个 string 变量 str1
string city,name;           //同时定义了两个 string 变量 city 和 name
```

string变量同样也可以用标准输入流对象cin和标准输出流对象cout进行输入输出,例如:

```
string s1,s2;
cin>>s1>>s2;
cout<<s1<<endl;
cout<<s1<<","<<s2<<endl;
```

如果输入的字符串内容中含有空格,使用cin就不能完全输入,此时需要使用函数getline进行字符串数据的输入。例如:

```
string name;
getline(cin,name);          //此时输入的字符串数据中可以有空格,如:zhang san
```

string对象之间可以相互赋值,也可以用字符串常量和字符数组的名字对string对象进行赋值。string 对象的长度是自适应的,赋值时不需要考虑被赋值的 string 对象是否具有足够的存储空间来容纳赋入的字符串数据。例如:

```
string s1,s2;
s1 = "This is a test string.";
s2 = s1;
char name[] = "Lady Gaga";
s1 = name;
```

例 2.6　string 类对象使用示例。

```
/* Name: ex0206.cpp
   string 对象的定义和输入/输出。
*/
#include <iostream>
#include <string>
using namespace std;
int main()
{
    string s1,s2;
    char str[] = "这是一个使用 string 类型的示例。";
    cout << "? s1: ";
    cin >> s1;
    s2 = s1;
    cout << "s2 = " << s2 << endl;
    s2 = str;
    cout << "s2 = " << s2 << endl;

    return 0;
}
```

2.2.2　string 对象的初始化

string 类型对象在定义的时候也可以进行初始化操作,初始化的方法可以与普通变量的初始化形式相同,形式为:

string 对象名 = 初始化字符串数据;

例如:

```
string s1 = "欢迎使用 C++的 string 数据类型";
```

除了这种最常见的初始化方式外,string 类型对象还有多种常用的初始化方法,见表2.3。

表2.3 string类型对象常用初始化方法

初始化形式	含义
string s1(字符串常量)	使用字符串常量初始化s1对象
string s1(string对象/字符数组)	使用string对象或者字符数组初始化s1对象
string s1(字符数组,n)	使用字符数组的前n个字符初始化s1对象
string s1(string对象,start,length)	使用string对象从start开始,长度为length的子串初始化s1对象

例2.7 string对象常用初始化方式使用示例。

```
/* Name: ex0207.cpp
   string类型对象常用初始化方法示例。

 */
#include <iostream>
#include <string>
using namespace std;
int main()
{
   char str[] = "中国重庆";
   string s1 = "This is a test string.";
   string s2("abcdefg");                //使用字符串常量初始化
   string s3(s1);                       //使用string对象初始化
   string s4(str,4);                    //使用字符数组的前4个字符初始化
   string s5(s1,10,12);                 //使用string对象中的子串初始化
   cout << s1 << endl;
   cout << s2 << endl;
   cout << s3 << endl;
   cout << s4 << endl;
   cout << s5 << endl;

   return 0;
}
```

上面程序中使用了多种方式初始化string对象,请读者参照注释分析下面的程序输出结果:

```
This is a test string.
abcdefg
This is a test string.
中国
test string.
```

2.2.3 string 对象的运算

C ++语言在 string 类型上建立了多种运算,使得 string 对象的操作与 C 语言字符串处理比较起来更加简单有效。C ++语言在 string 类型上建立的运算如下:

1. 赋值运算符(=)

赋值运算的功能是将赋值号右边的 string 对象或字符串常量赋值给左边的 string 对象。例如:

```
string s1,s2 = "欢迎使用 C ++的 string 数据类型";
s1 = s2;
```

2. 复合赋值运算(+=)

复合赋值运算对 string 对象而言就是连接运算,将运算符右边的 string 对象连接到运算符左边的对象后面。例如:

```
string s1 = "abcdefg",s2 = "ABCDEFG";
s1 += s2;   //s1 的值为:"abcdefgABCDEFG";
```

3. 连接运算(+)

连接运算将运算符左边的 string 对象和右边的 string 对象进行连接,生成一个临时的 string 对象并返回(可将该临时对象赋值给另外一个 string 对象)。例如:

```
string str,s1 = "abcdefg",s2 = "ABCDEFG";
str = s1 + s2;   //str 的值为:"abcdefgABCDEFG";
```

4. 关系运算(<, <=, ==, != , >, >=)

对于 string 对象,不需要采用 strcmp 之类的 C 语言风格的标准函数进行比较,而是可以直接采用关系运算符直接进行比较。例如:

```
string str,s1 = "abcdefg",s2 = "ABCDEFG";
bool sign = s1 == s2;
```

5. 索引运算([ ])

用于将 string 对象按照数组方式使用,使用下标变量方式访问 string 对象元素。

例 2.8 编写程序实现功能:反复从键盘输入字符串(直到输入空串为止),找出其中的最大字符串并输出。

```
/* Name: ex0208.cpp
   string 对象的关系运算示例。
 */
#include <iostream>
#include <string>
using namespace std;
int main()
```

```
{
    string maxstr = "",str;
    while(1)
    {
        getline(cin,str);
        if(str == "")
            break;
        if(str > maxstr)
            maxstr = str;
    }
    cout << "maxstr is: " << maxstr << endl;

    return 0;
}
```

2.2.4 string 的常用函数成员

string 类包括有很多函数成员,常用的 string 类函数成员见表 2.4。string 类函数成员的使用方式是:

<对象名>. <函数名>(<参数>)

表 2.4 string 类常用函数

函数成员	功 能
StrObj. append(str)	将 str 追加到 StrObj 对象的后面,str 是对象或字符数组
StrObj. append(str,x,n)	将 str 从 x 开始的 n 个字符追加到 StrObj 对象的后面
StrObj. append(str,n)	将 str 的前 n 个字符追加到 StrObj 对象的后面
StrObj. append(n,ch)	将 n 个 ch 字符追加到 StrObj 对象的后面
StrObj. assign(str)	将 str 赋值给 StrObj 对象,str 是对象或字符数组
StrObj. assign(str,x,n)	将 str 从 x 开始的 n 个字符赋值给 StrObj 对象
StrObj. assign(str,n)	将 str 的前 n 个字符赋值给 StrObj 对象
StrObj. assign(n,ch)	将 n 个 ch 字符赋值给 StrObj 对象
StrObj. at(x)	返回 StrObj 对象中位于位置 x 的字符
StrObj. capacity()	返回 StrObj 对象的内存空间容量
StrObj. clear()	清除 StrObj 对象的字符内容
StrObj. compare(str)	将 StrObj 对象与 str 进行比较,str 是对象或字符数组
StrObj. compare(x,n,str)	将 StrObj 对象从 x 位置开始 n 个字符与 str 进行比较
StrObj. data()	返回以'\0'结尾的字符数组,数组内容与 StrObj 相同

续表

函数成员	功 能
StrObj. empty( )	判断 strObj 对象是否为空,为空返回 true
StrObj. erase(x,n)	清除 StrObj 对象中从 x 位置开始的 n 个字符
StrObj. find(str)	从 StrObj 对象的左边开始,查找 str 第一次出现的位置
StrObj. insert(x,str)	将 str 插入到 StrObj 对象的 x 位置
StrObj. insert(x,n,ch)	将 n 个 ch 字符插入到 StrObj 对象的 x 位置
StrObj. length( )	返回 strObj 对象中的字符个数
StrObj. replace(x,n,str)	将 StrObj 对象中从 x 位置开始的 n 个字符用 str 替换
StrObj. size( )	返回 strObj 对象中的字符个数
StrObj. substr(x,n)	返回 StrObj 对象中从 x 位置开始、长度为 n 的子串
StrObj. swap(str)	将 StrObj 对象和字符数组 str 的内容交换
StrObj. resize(n,ch)	将 StrObj 的长度设置为 n,当 n 小于当前的长度,StrObj 截取为 n 个字符;当 n 大于当前的长度,StrObj 扩展为 n 个字符长,并用字符 ch 填充新扩展的空间

例 2.9 编写程序实现功能:从字符串中删除所有的某一特定字符。例如,对于字符串"abcdabcdabcd",删除字符'c'后得到字符串"abdabdabd"。

```
/* Name: ex0209.cpp
   string 类函数成员使用示例。
 */
#include <iostream>
#include <string>
using namespace std;
void delAllchr(string &s,char c);
int main()
{
   string s;
   char c;
   cout << "? s: ";
   getline(cin,s);                      //输入用于处理的字符串 s
   cout << "? c: ";
   cin >> c;                            //输入欲删除的字符 c
   delAllchr(s,c);
   cout << s << endl;
   return 0;
}
```

```
void delAllchr(string &s,char c)
{
  for(int i=0;s[i]! ='\0';i++)
    if(s[i]==c)
    {
      s.erase(i,1);              //使用函数成员 erase 删除位置为 i 的字符
      i--;
    }
}
```

例 2.10 在金融行业,输出人民币的格式为:"¥1,234,567.89",即数量的前面加上一个人民币符号,并在数值的适当位置采用逗号分开。编写一个函数实现人民币的格式化输出。

```
/* Name: ex0210.cpp
  string 类函数成员使用示例。
 */
#include <iostream>
#include <string>
using namespace std;

void RMBFormat(string &);

int main()
{
  string input;
  cout<<"按照 nnnnn.nn 格式输入人民币的数量: ";
  cin>>input;
  RMBFormat(input);
  cout<<"格式化结果:  ";
  cout<<input<<endl;

  return 0;
}

//RMBFormat 函数将一个普通字符串按照人民币的形式格式化
void RMBFormat(string &currency)
{
  int dp;
```

```
    dp = currency.find('.');              //查找其中的点
    if(dp >3)                             //插入分节号
      for(int x = dp -3;x >0;x -=3)
        currency.insert(x,",");
    currency.insert(0,"RMB");             //插入人民币符号
}
```

2.3 动态存储分配

C++程序中,仍然可以采用C语言标准函数malloc以及free等实现程序运行过程中的存储分配和释放,但在程序中使用C++语言的两个运算符new和delete来实现存储分配和释放是一种更好的选择。

2.3.1 new运算符和delete运算符

new和delete是C++语言中提供的一对用于存储分配和释放的运算符。其中,new运算符用于分配存储空间,delete运算符用于释放(用new分配的)存储空间。

new运算符的使用必须与指针变量结合起来,其一般使用形式为:

<数据类型名> <指针变量名>;

<指针变量名> = new <数据类型名>;

其中,两条语句中的数据类型名必须是一致的,即是同一种数据类型(包括基本数据类型和用户自定义类型)。例如:

```
int *iptr;                    //定义一个整型指针变量iptr
iptr = new int;               //动态分配存储,获取了动态整型变量*iptr
```

delete运算符用来释放由new动态分配的存储空间,其一般使用形式为:

delete **<指针变量名>**

其中,指针变量名一定是指向由new运算符所分配存储空间首地址的指针变量。例如:

```
delete iptr;                  //释放由指针变量iptr表示的动态变量
```

例2.11 new运算符和delete运算符使用示例。

```
/* Name:ex0211.cpp
  new运算符和delete运算符使用示例。
 */
#include <iostream>
using namespace std;
int main()
{
  int *iptr;
  char *cptr;
```

```
    double *dptr;
    iptr = new int;                    //动态分配一个整型数据空间
    cptr = new char;                   //动态分配一个字符型数据空间
    dptr = new double;                 //动态分配一个双精度实型数据空间
    cout << "请输入动态变量的值:";
    cin >> *iptr >> *cptr >> *dptr;
    cout << "下面是动态变量中的数据值:" << endl;
    cout << *iptr << "," << *cptr << "," << *dptr << endl;
    delete iptr;                       //以下代码释放动态分配的空间
    delete cptr;
    delete dptr;

    return 0;
}
```

上面程序演示了在 C++程序中 new 运算符和 delete 运算符配合使用的情况,程序一次运行的情况如下所示:

请输入动态变量的值:100 A 1234.56

下面是动态变量中的数据值:

100,A,1234.56

new 运算符和 delete 运算符必须配合(配对)使用,采用 delete 运算符只能释放由 new 运算符在其之前分配的存储空间。如果使用 delete 运算符来释放其他空间,将会引起不可预料的错误。使用动态存储分配和释放最容易、最常见的错误是:

①用 delete 运算符释放直接定义的数组。

②对一个已经用 new 运算符分配的存储空间多次(两次以上)使用 delete 运算符进行释放。

③使用函数的指针类型形式参数在函数中进行存储分配。

2.3.2 动态数组的创建和使用

根据数组与指针的关系,可以将数组存储首地址赋值给指针变量。当指针变量指向数组后,通过指针就可以操作其所指向的数组。在通过指针变量操作数组的过程中,既可以将指针变量沿着数组所占存储区间移动指向不同的数组元素进而操作所指向的数组元素,也可以将指针变量固定指向数组始址,进而用下标变量的形式操作数组元素。

通过使用 C++语言的 new 运算符可以在程序运行过程中分配一段连续的存储空间,并将该空间的起始地址赋值给指针变量,然后通过指针变量将所表示的存储空间作为数组进行操作。

1.一维动态数组的建立和使用

在C++程序设计中,使用指针的概念和new运算符可以非常容易地实现一维动态数组。实现一维动态数组的基本步骤为:

①定义合适数据类型的一级指针变量。

②使用new运算符按照指定的长度和数据类型分配存储并赋值给指针变量。

③将指针变量名作为一维数组名操作。

例2.12 编写程序实现功能:找出一组整数中的最大值并输出。假设程序运行前并不知道整数集合中的数据个数(数据个数在程序运行时从键盘输入)。

```
/* Name: ex0212.cpp
   一维动态数组创建和使用示例。
 */
#include <iostream>
#include <iomanip>
#include <ctime>
using namespace std;
int main()
{
   int max(int v[],int n);
   void mkarr(int v[],int n);
   void ptarr(int v[],int n);
   int n,maxvalue, *iarr;
   cout<<"请输入动态数组的长度:";
   cin>>n;
   iarr = new int[n];                //创建动态数组
   mkarr(iarr,n);
   maxvalue = max(iarr,n);
   cout<<"maxvalue = "<<maxvalue<<endl;
   ptarr(iarr,n);
   delete [] iarr;                   //释放动态数组

   return 0;
}
int max(int v[],int n)
{
   int mv = v[0];
   for(int i = 1;i<n;i++)
      if(mv<v[i])
```

```
            mv = v[i];
    return mv;
}
void ptarr(int v[],int n)
{
    for(int i =0;i <n;i ++)
        cout << setw(5) << v[i];
    cout << endl;
}
void mkarr(int v[],int n)
{
    srand(time(NULL));
    for(int i =0;i <n;i ++)
        v[i] = rand()%1000;
}
```

上面程序在运行时,通过语句 iarr = new int[n];创建了一维动态数组 iarr,使用完成后通过语句 delete [] iarr;释放了动态分配的存储空间。程序一次运行情况如下:

```
请输入动态数组的长度:13
maxvalue =975
   72  261  673  631  615  213  975  440  221  814  814  936  915
```

2. 二维动态数组的建立和使用

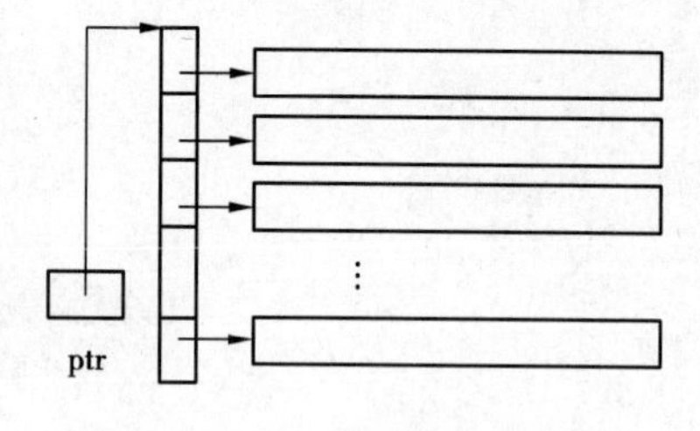

图 2.1　动态二维数组的结构

动态二维数组的构成需要使用指针数组的概念,即构成的数据结构如图 2.1 所示,图中的变量 ptr 是二级指针变量,它指向的数组是动态生成的一维指针数组,一维指针数组的每个元素指向的是动态生成的一维数组。在 C ++ 程序设计中实现二维动态数组的基本步骤为:

①定义合适数据类型的二级指针变量。

②按照指定的二维数组行数动态创建一维指针数组,并将其首地址赋值给二级指针变量。

③以二维数组的列数为长度动态创建若干个(由行数决定)一维数组,并将其首地址分别赋值给指针数组中的对应元素。

④将二级指针变量名作为二维数组名操作。

例 2.13　二维动态数组的创建和使用示例。

```
/* Name: ex0213.cpp
  二维动态数组的创建和使用示例。
*/
```

```
#include <iostream>
#include <ctime>
#include <iomanip>
using namespace std;
void ptArray(int **v,int m,int n);
void mkArray(int **v,int m,int n);
int main()
{
  int i,row,col,**pArr;
  cout<<"输入二维数组的行数和列数:";
  cin>>row>>col;
  pArr=new int *[row];          //创建动态一级指针数组
  for(i=0;i<row;i++)
    pArr[i]=new int[col];
  mkArray(pArr,row,col);
  ptArray(pArr,row,col);
  for(i=0;i<row;i++)            //以下代码释放动态分配的存储空间
    delete [] pArr[i];
  delete [] pArr;

  return 0;
}
void ptArray(int **v,int m,int n)
{ int i,j;
  for(i=0;i<m;i++)
  {  for(j=0;j<n;j++)
       cout<<setw(4)<<v[i][j];
     cout<<endl;
  }
}
void mkArray(int **v,int m,int n)
{ int i,j;
  srand(time(NULL));
  for(i=0;i<m;i++)
    for(j=0;j<n;j++)
      v[i][j]=rand()%100;
}
```

上面程序中通过语句 pArr = new int *[row];创建了一维指针数组并建立了与二级指针变量之间的关系;反复使用 pArr[i] = new int[col];语句创建了若干个动态一维数组并建立了与指针数组中对应元素的关系,从而构成了如图 2.1 所示的动态二维数组结构。然后直接将二级指针变量 pArr 作为二维数组的名字使用,程序的一次运行过程和输出结果为:

```
输入二维数组的行数和列数:3  11
 77  19  85  94  36  59  26   0   3   2  37
  8  54   4  49  67  38  90  38  22  96  81
 61  10  42   7   3  30  21  21  23  95  89
```

习　题

一、单项选择题

1. 下面对数组的初始化方法中,正确的是(　　)。

   A. int x[5] = {0,1,2,3,4,5};　　B. int x[] = {0,1,2,3,4,5};

   C. int x[5] = {5*0};　　D. int x[] = (0,1,2,3,4,5);

2. 设有 C 语句:int x[3][3] = {9,8,7};,则数组元素 x[0][1]和 x[2][2]的值是(　　)。

   A. 9 和 7　　B. 8 和 0　　C. 7 和 0　　D. 8 和随机数

3. 设有下面的程序段,则 a 数组中第一个非零值元素的下标是(　　)。

```
int a[200] = {0},i;
for(i=0;i<100;i++)
    a[2*i+1] =2*i+1;
```

   A. 1　　B. 199　　C. 0　　D. 100

4. 下面 C++语句中,能正确进行字符串赋值的是(　　)。

   A. char *s;s = "abcd";　　B. char s[5];s = "good";

   C. char s[5] ='abcd';　　D. char s[5];s[] = "good";

5. 若有以下说明语句,则不能正确引用字符串中字符的是(　　)。

```
char *str = "china";
int k =3;
```

   A. *(str+k);　　B. *str+k;　　C. **(str+k)　　D. str[k]

6. 若有以下说明语句,错误使用 strcpy 函数的是(　　)。

```
char *str1 = "good",str2[8],str3[5] = "how",str4,str5[10] = "you";
```

   A. strcpy(str2,str1)　　B. strcpy(str3,str1)　　C. strcpy(str4,str5)　　D. strcpy(str5,str1)

7. 设有字符串(string)对象 s,下面能够实现在 s 中查找字符串"CA"的语句是(　　)。

   A. pos = find(s,5,"CA");　　B. pos = s.find(s,5,"CA");

   C. pos = s.find(s.find("CA",5);　　D. pos = find(s.find("CA",5);

8. 下面 C++语句序列执行后的输出结果是(　　)。

```
string s = "China,CA San Francisco,CA";
```

```
cout < < s. find( "CA" ,8) < < endl;
```

A. 6　　B. 7　　C. 23　　D. 24

9. 下面能够将字符串变量(对象)s 中位置 4 和 5 所在的两个字符替换为字符串"AB"的 C++语句是(　　)。

A. s. replace(2,4,"AB");　　B. s. replace(4,2,"AB");

C. s. replace(4,5,"AB");　　D. replace(s,4,"AB");

10. 下面能够将 15 个星号赋值给字符串变量(对象)s 的 C++语句是(　　)。

A. s. assign(15,'*');　　B. s. assign(15,"*");

C. s. assign('*',15);　　D. assign(s,'*',15);

二、程序设计题

1. 利用一维数组,判定从键盘输入的任意正整数是否"回文数"。所谓"回文数"是指正读反读都相同的数,如:123454321。
2. 随机产生 100 个三位以内的正整数,存放在 10 行 10 列的二维数组中,查找最大元素值的位置。
3. 从键盘上输入一个字符串和一个字符,统计该字符在字符串中出现的次数。要求使用 C 风格处理字符数据。
4. 从字符串中删除所有的某一特定子串。例如,对于字符串"abcdabcdabcd",删除子串"bc"后得到字符串"adadad"。要求使用 C++的 string 类处理字符数据。
5. 从键盘上输入一个小写字母,将其插入到升序排列的小写字母序列"acefghijkmoqrstvxyz"中,并保证插入后字母序列仍然保持升序排列。
6. 从键盘上输入一个字符串,删去该字符串数据中的所有非英语小写字母,输出处理后的字符串数据。要求使用 C++的 string 类处理字符数据。

第3章

文件处理基础

3.1 文件对象概述

文件是指存放在外部存储设备上的一组信息,文件是程序设计中处理的重要数据对象之一。文件处理是程序实现从外部存储设备输入数据或将程序处理的结果输出到外部存储设备的基本技术。C ++ 程序中,可以按照 C 语言的方式处理文件,但更提倡使用 C ++ 语言的文件流类库来处理文件数据。

3.1.1 文件的概念

文件是指具名存放在外部存储设备上的一组信息,它们以二进制代码形式存在,可能是一组数据、一个程序、一张照片、一段声音等。在计算机应用中文件概念具有更广泛的意义,它甚至包含所有的计算机外部设备,这样的文件称为“设备文件”。对于程序设计语言而言,文件是其处理的最重要的外部数据,通过在程序设计中使用文件可以达到以下两个目的:

①将数据永久地保存在计算机外部存储介质上,使之成为可以共享的信息,即通过文件系统与其他信息处理系统联系。

②可以进行大量的原始数据的输入和保存,以适应计算机系统在各方面的应用。

程序设计语言中,文件按照不同的分类原则可以有不同的分类方法,主要有以下几种文件的分类方法:

(1)按文件的结构形式分类可以分为文本文件和二进制文件

文本文件是全部由字符组成的文件,即文件的每个元素都是字符或换行符。即使是整数或者实数在文本文件中也是按其对应的字符存放的。由于文件每个元素都是用 ASCII 码字符来表示的,所以文本文件又称为 ASCII 码文件。例如,1234567 作为整型常量看待时仅需4个字节即可表示,但存放到文本文件中去时,由于一个ASCII码字符占用一个字节的存储空间,那么就需占用7个字节空间来存放。文本文件的特点是存储效率较低,但便于程序中对数据的逐字节(字符)处理。

二进制文件是把数据按其在内存中的存储形式原样存放到计算机外部存储设备,这类文件可以节省计算机外存空间。例如,在32位系统中,存放整数1234567时,按文本方式需要7个字节,按二进制方式仅需4个字节。二进制文件的特点是存储效率较高,但不便于程序中直观地进行数据处理。

(2)按文件的读写方式分类可以分为顺序存取文件和随机文件

文件的顺序存取是指读/写文件数据只能从第一个数据位置开始,依次处理所有数据直至文件中数据处理完成。

文件的随机存取是指可以直接对文件的某一元素进行访问(读,或者写)。C ++ 程序中随机访问文件包括寻找读写位置和读写数据两个步骤,C ++ 文件流类中提供了实现随机读取文件中任意数据元素所需要的函数成员。

3.1.2 文件流类和文件对象

C ++ 语言标准类库中有ifstream、ofstream和fstream共3个类用于文件数据的处理,这些类统称为文件流类。文件流类的作用和区别见表3.1。

表3.1 文件流类型

文件流类型	作 用
ifstream	输入文件流类型,通过这种类型的流对象可以打开一个已经存在的数据文件,将其中的数据读入程序进行处理,当欲打开的文件不存在时,将出现错误。这种类型的流对象打开的文件只能进行读数据操作,不能进行写文件数据的操作
ofstream	输出文件流类型,通过这种类型的流对象可以创建文件,并将程序中的数据写入到文件中。这种类型的流对象只能将数据写入到文件中,不能进行读文件数据的操作
fstream	文件流,通过这种类型流对象既可以打开文件,将文件中的数据读入程序处理;又可以创建文件,将程序中的数据写入到文件中。使用这种文件流类型时,必须要指明打开文件的目的是读数据、写数据还是读写数据

ifstream、ofstream、fstream这3个文件流类都在头文件fstream中说明,处理文件数据的C ++ 程序都要使用文件包含预处理语句#include包含fstream头文件,语句形式为:

```
#include <fstream>
```

在C ++ 程序中要处理文件数据,就需要定义文件流对象。可以在一条C ++ 语言中定义一个文件流对象,也可以同时定义多个文件流对象。定义文件流对象的一般形式是:

<文件流类型名> <文件对象名1>,<文件对象名2>…;

例如:

```
ifstream iFile;              //定义了一个 ifstream 类型对象 iFile
ofstream oFile1,oFile2;      //定义了两个 ofstream 类型对象 oFile1、oFile2
fstream ioFile;              //定义了一个 fstream 类型对象 ioFile
```

C ++ 程序中,处理文件数据的一般过程为:

①根据处理文件的方式和被处理文件的类型定义文件流对象,同时处理多个文件则需定义多个文件流对象。

②使用文件流对象的 open 成员函数打开指定的文件,即使得文件流对象和被处理的数据文件关联起来。

③使用文件流对象按照应用要求对文件数据进行读、写。

④文件数据处理完毕后,使用文件流对象的 close 成员函数关闭文件。

3.2 文件的打开和关闭

在处理数据文件的 C ++ 程序中,首先要用定义好的文件流对象打开文件,然后才能对文件中的数据进行处理。数据处理过程完成后,必须要关闭数据文件。

3.2.1 文件的打开

对文件数据进行读写之前,首先要打开指定的数据文件,其目的是:

①通过在打开操作中指定文件名,建立数据文件与文件流类对象之间的关联。关联建立后,程序中通过文件流对象名来处理对应的数据文件。

②指定被处理数据文件的类型:是文本文件还是二进制文件。

③指定对被处理文件的操作方式:是读文件数据、写(添加)文件数据还是对文件数据既读又写(读写文件数据)。

在 C ++ 程序中,打开文件可以有两种方式:

①调用流对象的 open 成员函数打开文件。

②在定义文件流对象的时候,调用构造函数打开文件(即初始化方式)。

成员函数 open 在 3 个文件流类中都存在,使用方式完全相同,其使用的一般形式是:

<文件流对象名>.open(<文件名>,<操作方式>);

也可以在定义文件流对象的同时调用构造函数通过初始化方式打开文件,其一般形式是:

<文件流类型> <文件流对象名>(<文件名>,<操作方式>);

在打开文件的操作中,<文件名>指定被处理的文件,既可以使用字符串常量表示文件名,也可以使用变量形式(字符数组、指向确定地址的字符指针变量)表示文件名。<操作方式>用于确定对文件的具体处理是读、写,还是又读又写等,常用的操作方式组合及其适用的文件流对象见表 3.2。

表 3.2　常用文件操作方式组合

常用操作方式	适用对象	意义和作用
ios::in	ifstream fstream	打开文件用于读取数据，如果指定文件不存在，则打开出错（ifstream 默认）
ios::out	ofstream fstream	打开文件用于写数据。如果指定文件不存在则创建一个新文件；如果指定文件已经存在则打开时清除文件原有内容（ofstream 默认）
ios::app	ofstream fstream	打开文件用于在原数据尾部添加数据，如果指定文件不存在则创建一个新文件
ios::ate	ifstream	打开一个已经存在的文件，并将文件读数据指针指向文件尾，如果指定文件不存在则打开出错
ios::trunc	ofstream	该模式单独使用时与 ios::out 意义相同
ios::binary	ifstream ofstream fstream	以二进制方式打开指定文件，当没有指定该项时，默认用文本文件模式打开文件
ios::in | ios::out	fstream	打开一个已经存在的文件，既可以读取文件数据，也可以写入文件数据。文件刚打开时原有数据内容保持不变，如果指定文件不存在则打开出错
ios::in | ios::out | ios::trunc	fstream	打开文件，既可以读取文件数据，也可以写入文件数据。如果指定文件已存在则打开时清除其原内容；如果指定文件不存在则创建一个新文件
ios::in | ios::binary	ifstream fstream	用读方式打开一个指定的二进制数据文件，若指定文件不存在则打开出错
ios::out | ios::binary	ofstream fstream	用写方式打开一个指定的二进制数据文件，若指定文件不存在则创建一个新文件

为了保证在正确打开文件的基础上才进行文件读写方面的操作，C ++ 程序中需要判断指定文件是否已经正确打开，这个操作通过对象的取值来实现。当文件对象的值为 true 时，表示指定文件被正确打开；当文件对象的值为 false 时，表示打开文件失败。判断文件打开操作是否成功还可以使用文件流对象的 fail 成员函数来判断，当文件流对象的 fail 成员函数获得 true 值时，表示文件打开失败。

下面是一些使用 open 成员函数打开文件的示例和注释：

```
ifstream iFile;
iFile.open("myindata.txt",ios::in);      //打开输入文件 myindata.txt
iFile.open("myindata.txt");              //ios::in 是 ifstream 默认模式
```

```
ifstream iFile1("myindata.txt");
ofstream oFile;
oFile.open("myindata.txt",ios::out);    //打开输入文件 myindata.txt
oFile.open("myindata.txt");             //ios::out 是 ofstream 默认模式
ofstream oFile1("myindata.txt",ios::out);
fstream ioFile;
//打开 D 盘根目录下的输入输出文件 myinoutdata.txt
ioFile.open("d:\myinoutdata.txt",ios::in|ios::out);
fstram ioFile1;
//以二进制方式打开 E 盘 mycpp 目录中的输入输出文件 myinoutdata.txt
ioFilel.open("e:\mycpp\myinoutdata.txt",ios::in|ios::out|ios::binary);
```

下面是最常用的判断文件是否打开成功的代码段:

```
//判断流对象是否为 false(NULL)
ifstream dataFile;
dataFile.open("mydata.txt", ios::in);
if(! dataFile)
{
    cout << 文件打开失败! << endl;
    return -1;
}
//使用文件流对象的 fail 成员函数判断
ifstream dataFile;
dataFile.open("mydata.txt", ios::in);
if(dataFile.fail())
{
    cout << 文件打开失败! << endl;
    return -1;
}
```

3.2.2 文件的关闭

在 C ++ 程序中,打开(或创建)一个文件就在内存中分配一段区域作为文件数据缓冲区,文件在使用过程中将一直占据着缓冲区存储空间。文件使用完后应及时地关闭文件以释放文件所占用的存储区域。C ++ 程序使用文件流对象调用 close 成员函数实现文件的关闭操作。成员函数 close 在三个文件流类中都存在,使用方式完全相同,其使用的一般形式是:

<文件流对象名>.close();

成员函数 close 的功能是:将与指定文件流对象相关联的文件关闭。系统在关闭文件时,首先将对应文件数据缓冲区中还没有处理完的数据写回相对应的文件,然后将处理文件使用的所有资源归还系统。

例如，若已使用文件流类对象 iFile 打开了一个指定文件，则可以使用下面的 C ++ 语句关闭与 iFile 相关联的文件：

```
iFile.close();
```

例 3.1 打开文件和关闭文件示例。

```
/* Name: ex0301.cpp
   文件的打开和关闭示例。
 */
#include <iostream>
#include <fstream>
using namespace std;
int main()
{
   ifstream iFile;
   iFile.open("mydata.txt");
   if(! iFile)                    //if(iFile == false)
   {
        cout << "文件 mydata.txt 没有正确打开!" << endl;
        return -1;
   }
   cout << "指定文件已经正确打开,可以开始处理文件数据" << endl;

                                  //处理文件数据代码段
   iFile.close();

   return 0;
}
```

上面程序中，定义了文件流对象 iFile，用 iFile 的 open 成员函数打开了文件 mydata.txt，并对文件是否成功打开进行了判断，最后在文件正确打开的基础上，调用 iFile 的成员函数 close 关闭了打开的文件。

3.2.3 检测文件结束

在文件数据的顺序处理过程中，文件打开时其"读位置指针"和"写位置指针"一般在文件数据区开始的位置，随着读或写的进行，会自动向后移动到下一个正确的数据位置。文件写操作时，当程序写完了全部数据关闭文件时，系统会在文件数据之后做一个文件结尾的标志；文件读操作时，读到文件数据的结尾标志时，表示文件数据已经被依次处理完毕。

通过文件流对象的 eof 成员函数可以检测对应文件的读位置指针是否到达文件结尾标

志(用于判断数据是否已经读取完),判断文件数据是否已经读完的一般语句形式为:

< 文件流对象名 >. eof( )

当文件的“读位置指针”已经到达文件尾时,eof 函数返回 true(非 0 值)。当文件的“读位置指针”在文件数据区的其他位置(非文件尾)时,eof 函数返回 false(0 值)。

常用的文件数据处理结构如下所示:

```
//常用的读文件数据代码结构 1
while(! inFile. eof( ))
{
    < 读出一个文件数据 >              //例如:inFile >> var;(后面介绍)
    if(inFile. fail( ))
        break;
    < 数据的其他处理部分 >
}
                                      //常用的读文件数据代码结构 2
< 读出一个文件数据 >                  //例如:inFile >> var;(后面介绍)
while(! inFile. eof( ))
{
    < 数据的其他处理部分 >
    < 读出一个文件数据 >
}
```

3.3 文件数据的读写

文件数据的读写操作是文件处理最本质的操作,使用文件流对象正确打开文件之后,文件本身就成为了一个输入流或者输出流,所以文件数据的读写操作与前面讨论的标准输入输出流的读写也非常相似。

3.3.1 采用流操作符读写文件

输出流对象可用通过使用插入操作符(<<)将数据写入到数据文件中,形式为:

< 输出流对象名 > << **< 写入文件的数据 >**

例如:

```
ofstream oFile;
oFile. open(" mydata. txt");
oFile << 100;   //将数据 100 写入到文件 mydata. txt 中
```

例 3.2 将所有的大写英文字母依次写入文件 data. txt。

```
/* Name: ex0302. cpp
   流操作符写文件示例。
*/
```

```
#include <iostream>
#include <fstream>
using namespace std;
int main()
{
  ofstream myFile;
  myFile.open("data.txt");          //打开输出文件 data.txt
  if(!myFile)
  {
    cout << "Can't open file data.txt" << endl;
    return -1;
  }
  for(int i=0;i<26;i++)             //将大写英文字母依次写入 myFile 关联的文件
    myFile << (char)('A'+i);
  myFile << endl;                   //将换行符写入文件
  myFile.close();                   //关闭文件 data.txt

  return 0;
}
```

在通过插入操作符向文件写入数据时,也可以对数据进行格式化写入。

例 3.3　随机产生 100 个 3 位以内的整数,将这些数据全部写入文件 data.txt,要求数据之间至少要用一个空格分隔,每行 10 个数据。

```
/* Name: ex0303.cpp
   格式化数据写入文件示例。
 */
#include <iostream>
#include <fstream>
#include <iomanip>
#include <ctime>
using namespace std;
int main()
{
  int n;
  ofstream myFile("data.txt");
  if(!myFile)
  {
      cout << "Can't open file." << endl;
      return -1;
```

```
    }
    srand(time(NULL));                    //初始化随机数发生器
    for(int i = 0;i < 100;i ++ )
    {
        if(i! = 0&&i% 10 == 0)            //控制每行写 10 个数据
            myFile << endl;
        n = rand( ) % 1 000;              //产生 3 位以内的随机数
        myFile << setw(4) << n;           //按域宽为 4 个字符将数据写入文件
    }
    myFile << endl;
    myFile. close( );                     //关闭文件

    return 0;
}
```

输入流对象可以通过使用提取操作符(>>)将数据从文件中读出,并赋值到相应变量,形式为:

<输入流对象名> >> <变量名>;

使用提取操作符处理文件时,要求文件中的数据必须是用空白符(空格、Tab 或者换行符)进行分隔的。读取数据时,流对象通过"读位置指针"指定读出数据的位置。以读模式(ios::in)打开文件时,"读位置指针"位于文件中第一个数据的位置。每读一个数据,"读位置指针"会自动移动到下一个数据的正确起始位置。

例 3.4 计算数据文件 data. txt 中所有数据的平均值(文件中数据用空白符分隔,可以使用例 3.3 程序准备数据文件)。

```
/* Name: ex0304. cpp
   使用提取操作符读文件数据示例。
 */
#include <iostream>
#include <fstream>
using namespace std;
int main( )
{
    double sum, average;
    int n, counter;
    fstream inFile;
    inFile. open( "data. txt", ios::in);
    if(! inFile)
    {
        cout << "Can't open file. " << endl;
```

```
        return -1;
    }
    sum = 0, counter = 0;
    inFile >> n;
    while( ! inFile.eof( ) )
    {
        sum += n;
        counter ++ ;
        inFile >> n;
    }
    inFile.close( );
    average = sum/counter;
    cout << "数据文件中所有数据的平均值是:" << average << endl;

    return 0;
}
```

3.3.2 采用函数成员读写文件

虽然使用文件流对象结合提取运算符读取文件数据可以适应很多情况下的数据文件处理,但却存在一个致命的弱点。使用提取运算符读取文件数据时,要求文件中数据之间用空白符分隔。如果数据本身含有空白符,使用提取运算符就不能读出该数据(读取数据会出现错误)。

例 3.5 使用提取运算符处理含空格字符内容的文件数据。

```
/* Name: ex0305.cpp
   使用提取运算符处理含空格字符内容的文件数据。
 */
#include <iostream>
#include <fstream>
using namespace std;
int main( )
{
    char c;
    ifstream inFile( "data.txt" );
    if( ! inFile)
    {
        cout << "Can't open file." << endl;
        return -1;
    }
```

```
    while(1)
    {
      inFile >> c;            //从文件中读出字符数据到变量 c
      if(inFile.eof())
          break;
      cout << c;
    }
    inFile.close();
    cout << endl;

    return 0;
}
```

假设上面程序处理的数据文件 data.txt 内容为：

This is a test file.

使用提取运算符将文件中的字符(包含空格字符)依次读出,然后通过标准数据流对象 cout 和插入运算符将读取的字符显示到屏幕上,程序执行后显示的结果如下所示：

Thisisatestfile.

从程序执行所得到的结果可以看出,空格字符没有了,所以通过文件流对象使用提取运算符处理这种本身含有空白字符内容的字符数据存在着瑕疵。为了避免这种情况,可以考虑使用文件流对象函数成员处理这类数据。

在 C ++ 程序中,可以使用文件流对象的 get 函数成员来读取文件数据,get 函数一次从流对象关联的文件当前读位置读出一个字符(字节)内容,并将读取的字符存放到参数字符变量中。文件流对象 get 函数成员使用的一般形式为：

<流对象名>.get(**<字符变量名>**);

例 3.6 使用文件流对象的 get 函数成员处理含空格字符内容的文件数据。

```
/* Name: ex0306.cpp
   使用文件流对象的 get 函数成员处理含空格字符内容的文件数据。
*/
#include <iostream>
#include <fstream>
using namespace std;
int main()
{
   char c;
   ifstream inFile("data.txt");
   if(! inFile)
   {
       cout << "Can't open file." << endl;
```

```
        return -1;
    }
    while(1)
    {
        inFile.get(c);                //从文件中读出字符数据到变量c
        if(inFile.eof())
            break;
        cout << c;
    }
    inFile.close();

    return 0;
}
```

上面程序与例 3.5 的程序唯一的不同就是使用语句 inFile.get(c);代替了语句 inFile >> c;,但程序却能够正确处理本身含有空格的字符数据。对同样的数据文件内容,程序运行的结果如下所示(请读者对照例 3.5 结果进行分析):

This is a test file.

对于含有空白符的数据文件,除了使用文件流对象的 get 函数成员依次读出字符数据外,还可以使用文件流的另外一个函数成员 getline 实现每次读取一行字符的功能。文件流的 getline 函数成员一次读取一行字符(包含空白符),其使用的一般形式为:

<流对象名>.getline(**<数组名>**,**<长度>**,**<结束字符>**);

文件流的 getline 函数成员实现的功能是:从对象所关联的文件当前读位置起至多读取长度 -1 个字符(遇到结束字符提前结束)到数组中去。其中,数组名用于指定存放读出字符行的空间;长度指定最多读取字符个数 +1(字符串结束字符位置);结束字符指定读操作结束的字符(缺省时为换行符'\n')。

例 3.7 使用文件流对象的 getline 函数成员处理含空格字符内容的文件数据。

```
/* Name: ex0307.cpp
   使用文件流对象的 getline 函数成员处理含空格字符内容的文件数据。
*/
#include <iostream>
#include <fstream>
using namespace std;
int main()
{
    char c[200];
    ifstream inFile("data.txt");
    if(! inFile)
    {
```

```
        cout << "Can't open file." << endl;
        return -1;
    }
    while(1)
    {
        inFile.getline(c,200);          //从文件中读出字符串数据到数组 c
        if(inFile.eof())
            break;
        cout << c;
    }
    inFile.close();
    cout << endl;

    return 0;
}
```

上面程序在读取文件数据时使用了文件流对象的 getline 函数成员，程序对与前两示例相同数据的处理结果如下所示：

This is a test file.

作为与 get 函数成员对应，在 C ++ 程序中可以使用文件流对象的 put 函数成员向文件中写入字符(字节)数据。文件流对象的 put 函数成员将一个字符(字节)数据写入到流对象所关联文件的当前写位置。其使用的一般形式为：

<**流对象名**>.put(<**字符数据**>);

例 3.8　将指定文件拷贝生成一个副本。

```
/* Name: ex0308.cpp
  使用文件流对象的 get、put 函数成员使用示例。
*/
#include <iostream>
#include <fstream>
using namespace std;
int main()
{
    char c,infn[50],outfn[50];
    cout << "? infn: ";
    cin >> infn;  //输入源文件名
    cout << "? outfn:";
    cin >> outfn;  //输入目标文件名
    ifstream inFile(infn);
    if(! inFile)
```

```
    {
        cout << "Can't open file." << endl;
        return -1;
    }
    ofstream outFile(outfn);
    if(! outFile)
    {
        cout << "Can't open file." << endl;
        return -1;
    }
    while(1)
    {
        inFile.get(c);              //从源文件中读出字符到变量 c
        if(inFile.eof())
            break;
        outFile.put(c);             //将字符数据 c 写入目标文件
    }
    inFile.close();
    outFile.close();

    return 0;
}
```

3.3.3 读写二进制文件

在计算机的应用中,很多数据使用二进制方式进行存储会带来存储和使用上的极大便利,如图形、图像等数据。C ++ 程序中,对于按二进制方式存放的数据文件,就不能使用插入运算符或提取运算符从文件中读取数据或者向文件中写入数据。对于二进制数据文件的处理,除了可以使用文件流对象的 get 和 put 函数成员按单个字节的方式进行处理外,常常使用文件流对象的 read 和 write 函数成员对数据按数据块方式进行处理。二进制数据文件在 C ++ 程序中的处理方式基本要点是:

①使用 ios::binary 指定文件为二进制文件模式(默认的方式下,文件都以文本文件模式打开)。

②使用流对象成员函数 write 写二进制文件数据。

③使用流对象成员函数 read 读二进制文件数据。

使用文件流对象的 write 函数成员可以将指定开始地址和长度的数据块整体写入到流对象所关联二进制文件当前写位置处,其使用的一般形式为:

<流对象名>. write(**<数据块始址>**, **<数据块长度>**);

例 3.9 用随机数填充一个 8 行 5 列的二维数组,并将该数组写入到指定文件中(文件名从键盘输入)。

```
/* Name: ex0309.cpp
  二进制文件数据块写入示例。
 */
#include <iostream>
#include <fstream>
#include <ctime>
using namespace std;
int main()
{
  int a[8][5],i,j;
  char fn[50];
  fstream myFile;
  srand(time(NULL));   //使用随机数填充数组
  for(i=0;i<8;i++)
      for(j=0;j<5;j++)
          a[i][j]=rand()%1000;
  cout << "? fn: ";
  cin >> fn;
  myFile.open(fn,ios::out|ios::binary);           //二进制方式打开文件
  if(! myFile)
  {
      cout << "Can't open file." << endl;
      return -1;
  }
  myFile.write((char *)a,sizeof(int)*8*5);        //数据块方式写入文件数据
  myFile.close();

  return 0;
}
```

上面程序中,首先用二进制模式打开了文件,然后将一个8行5列的二维数组数据一次性写入到文件中,值得注意的是,write函数的第一个参数要求是字符类型的开始地址,有可能需要强制类型转换,如本例中的:myFile.write((char *)a,sizeof(int)*8*5);。

使用文件流对象的read函数成员可以将指定长度的数据块从流对象所关联二进制文件中的当前读位置读出,并存放到内存数据块开始地址处,使用的一般形式为:

<流对象名>.read(**<数据块始址>**, **<数据块长度>**);

例3.10 将例3.9写好的二进制数据文件中的数据全部读出,并将这些数据显示到屏幕上。

```
/* Name: ex0310.cpp
  二进制文件数据块写入示例。
 */
#include <iostream>
#include <fstream>
#include <iomanip>
using namespace std;
int main()
{
  int a[8][5],i,j;
  char fn[50];
  fstream myFile;
  cout << "? fn:";
  cin >> fn;
  myFile.open(fn,ios::in|ios::binary);              //二进制方式打开文件
  if(! myFile)
  {
      cout << "Can't open file." << endl;
      return -1;
  }
  myFile.read((char *)a,sizeof(int)*8*5);      //数据块方式读取文件数据
  myFile.close();
  for(i=0;i<8;i++)
  {
      for(j=0;j<5;j++)
          cout << setw(4) << a[i][j];
      cout << endl;
  }

  return 0;
}
```

上面程序中,首先用二进制模式打开了数据文件,然后使用文件流对象的 read 函数成员一次性地将文件中的全部数据读出,并将这些数据显示到屏幕上。值得注意的是,read 函数的第一个参数要求是字符类型的开始地址,有可能需要强制类型转换,例如本例中的 myFile.read((char *)a,sizeof(int)*8*5);。

3.3.4 文件流对象做函数参数

如果需要将处理文件数据部分用单独的模块实现,则需要文件流对象做函数参数。文

件进行读/写操作时，流对象的内部状态会不断变化，为了能够保持流对象形参和实参的内部状态一致，文件流对象做函数形参时必须使用引用形式。

例3.11 将指定文件拷贝生成一个副本。要求：程序既能够拷贝文本文件，也能够拷贝二进制文件；文件数据拷贝部分使用独立的函数实现。

```
/* Name: ex0311.cpp
   使用文件流对象做函数参数使用示例。
 */
#include <iostream>
#include <fstream>
using namespace std;
void copyfile(ifstream &inf,ofstream &outf);
int main()
{
    char infn[50],outfn[50];
    cout << "? infn: ";
    cin >> infn;                              //输入源文件名
    cout << "? outfn: ";
    cin >> outfn;                             //输入目标文件名
    ifstream inFile(infn,ios::binary);
    if(! inFile)
    {
        cout << "Can't open file." << endl;
        return -1;
    }
    ofstream outFile(outfn,ios::binary);
    if(! outFile)
    {
        cout << "Can't open file." << endl;
        return -1;
    }
    copyfile(inFile,outFile);                 //调用文件数据处理函数
    inFile.close();
    outFile.close();

    return 0;
}
void copyfile(ifstream &inf,ofstream &outf)
{
```

```
    char c;
    while(1)
    {
        inf.get(c);                    //从源文件中读出字符到变量c
        if(inf.eof())
            break;
        outf.put(c);                   //将字符数据c写入目标文件
    }
}
```

3.4 文件数据的随机访问

3.4.1 顺序访问文件的缺陷

文件随机存取对应于文件顺序存取。在文件的顺序存取中,文件内部读/写位置指针在每一次读或写操作之后都会自动向后移动与读写方式相适应的距离,将文件内部读写位置指针定位到下一次读或写的位置上。在程序设计中使用对文件的顺序存取方式可以解决许多文件处理的问题,但对于那些要求对文件内容的某部分直接操作的文件处理问题则显得效率非常低。

文件的随机存取就是使用C++语言文件流库中提供的移动文件内部读写位置指针函数,将读写位置指针移动到要处理的文件数据区指定位置,然后再使用前面介绍的文件数据读写方式进行处理,从而实现修改文件部分内容的功能、提高文件数据处理效率。

文件的随机存取处理分为两大步骤:第一步是按要求移动文件读写位置指针到指定位置;第二步用文件流库提供的读写方法读写所需要的信息。C++程序中实现随机读写的一般步骤如下:

①通过某种方式求得文件数据区中要读写的起始位置。

②使用文件流库函数将文件的内部读写位置指针移动到所需的起始位置,常用的标准函数是seekp和seekg。

③根据所需读取的数据内容选择合适的文件流数据读写函数读出或者写入数据。

④实现文件随机存取的处理过程中,在需要的时候可以通过使用标准函数tellp和tellg来检测文件内部读写位置指针的当前位置。

3.4.2 文件读写位置定位函数(seekp, seekg)

C++语言中,文件读写位置定位函数seekp和seekg的功能是将读/写位置指针移动到文件数据区中的指定位置。其中,seekp对应写位置指针、seekg对应读位置指针。它们的一般使用形式如下:

```
<流对象名>.seekp(<偏移量>, <起始点>);
```

<流对象名>. seekg(<偏移量>, <起始点>);

在 seekp 和 seekg 的使用形式中,偏移量是一个用于指定读写位置指针移动的距离的长整数,其值为正时读写位置指针向文件尾方向移动、其值为负时读写位置指针向文件头方向移动。

在 seekp 和 seekg 的使用形式中,起始点参数指定了计算偏移量时的参照点,具体意义见表 3.3。

表 3.3 读写位置指针移动起始点及其意义

起始点表示	意 义
ios::beg	表示从文件头开始计算移动距离
ios::end	表示从文件尾开始计算移动距离
ios::cur	表示从读/写位置指针的当前位置计算移动距离

例 3.12 设文件 mydata. txt 中已经存放了一个 8 行 5 列整型二维数组的数据,现在要求将这个数组内容中的第 3 行(2 号行)按照升序排列,请设计程序实现功能。

提示:可以使用例 3.9 程序构造数据文件内容。

```
/* Name: ex0312.cpp
   随机方式处理文件数据示例。
 */
#include <iostream>
#include <fstream>
#include <iomanip>
using namespace std;
void sort(int v[],int n);
int main()
{
   int a[8][5],line[5],garp,i,j;
   char fn[50];
   fstream myFile;
   cout << "? fn: ";
   cin >> fn;
   myFile.open(fn,ios::in|ios::out|ios::binary);   //二进制方式打开读/写文件
   if(! myFile)
   {
      cout << "Can't open file." << endl;
      return -1;
   }
   garp = sizeof(int) * 2 * 5;               //计算出从文件头到第三行(2 号行)之间的距离
```

```
    myFile.seekg(garp,ios::beg);                     //移动读位置指针到2号行开始处
    myFile.read((char *)line,sizeof(int) * 5);      //数据块方式读取数组一行数据
    sort(line,5);
    myFile.seekp(garp,ios::beg);                     //移动写位置指针到2号行开始处
    myFile.write((char *)line,sizeof(int) * 5);     //数据块方式将排好序的数据写回原处
    myFile.seekg(0,ios::beg);                        //将读位置指针移回文件头
    myFile.read((char *)a,sizeof(int) * 8 * 5);     //读出全部数据
    myFile.close();
    for(i = 0;i < 8;i ++)                            //输出修改后的文件数据
    {
        for(j = 0;j < 5;j ++)
            cout << setw(4) << a[i][j];
        cout << endl;
    }

    return 0;
}
void sort(int v[],int n)
{
    int i,j,k;
    for(i = 0;i < n - 1;i ++)
    {
        k = i;
        for(j = i + 1;j < n;j ++)
            if(v[j] < v[k])
                k = j;
        if(k! = i)
            v[i] = v[i] + v[k],v[k] = v[i] - v[k],v[i] = v[i] - v[k];
    }
}
```

上面程序中,首先计算出从文件头到第3行(2号行)之间的距离存放到变量 garp 中,然后移动读位置指针到2行开始处,使用数据块方式读取2号行数据到数组 line,并按照要求进行排序。然后将写位置指针移动到2号行开始出,将处理好的 line 数组写回原处。最后将读位置指针移回文件头,读出全部数据并显示。

3.4.3 文件读写位置测试函数(tellp, tellg)

C ++ 程序中,如果需要知道被处理文件中的读写位置指针离文件头有多远(字节数表示),可以使用 tellp 函数或者 tellg 函数。tellp 函数的功能是返回写位置指针距离文件头的

字节数,tellg 函数的功能是返回读位置指针距离文件头的字节数。它们的使用形式为:

<流对象名>.tellp();

<流对象名>.tellg();

例 3.13 编写程序实现功能:判断指定文件的大小(字节数)。

```
/* Name: ex0313.cpp
   tellg 和 tellp 的使用示例。
*/
#include <iostream>
#include <fstream>
using namespace std;
int main()
{
    int filelen;
    char fn[50];
    ifstream myFile;
    cout << "? fn: ";
    cin >> fn;
    myFile.open(fn);
    if(! myFile)
    {
        cout << "Can't open file." << endl;
        return -1;
    }
    myFile.seekg(0,ios::end);          //将读位置指针移动到文件尾
    filelen = myFile.tellg();          //获取文件读位置指针离文件头的距离
    myFile.close();
    cout << "文件的字节长度是:" << filelen << endl;

    return 0;
}
```

上面程序执行时,通过使用 seekg 函数将读位置指针移动到文件尾,然后使用 tellg 函数获取文件指针离文件头的距离(即文件的字节长度)赋值给变量 filelen,最后输出变量 filelen 的值。

习 题

一、单项选择题

1. C++语言中,定义一个文件流对象的正确语句形式是( )。

A. void ＊sp；　　B. fstream sp；　　C. FILE &sp；　　D. filestream ＊sp；

2. 下面的叙述中，不正确的是(　　)。

A. C ++ 语言中的文本文件以 ASCII 码形式存储数据

B. C ++ 语言对二进制文件的访问速度比文本文件快

C. C ++ 语言中随机读写方式不适合文本文件

D. C ++ 语言中顺序读写方式不适合二进制文件

3. C ++ 程序中，使用 fstream 定义一个文件流对象并打开一个文件时，文件的隐含打开方式是(　　)。

A. ios::in　　B. ios::out　　C. ios::in|ios::out　D. 没有指定

4. 若要用 open 成员函数打开一个新的二进制文件，对该文件进行写操作，则文件方式字符串应是(　　)。

A. ios::in　　B. ios::out|ios::binary

C. ios::in|ios::binary　　D. ios::out

5. 下面提供的 C ++ 文件访问方式中，用二进制方式打开文件的是(　　)。

A. ate　　B. out　　C. binary　　D. app

6. C ++ 程序中，要求打开文件 d:\myfile.txt，并且可写入数据，正确的语句是(　　)。

A. ifstream infile("d:\myfile.txt,ios::in)；

B. ifstream infile("d:\myfile.txt,ios::in)；

C. ofstream infile("d:\myfile.txt,ios::out)；

D. fstream infile("d:\myfile.txt,ios::in|ios::out)；

7. 若调用 eof 来判断文件是否结束，当文件操作已经到文件尾时其返回值是(　　)。

A. Yes　　B. true　　C. false　　D. No

8. 使用文件流对象从指定文件中读取数据时，表达式形式为(　　)。

A. <输出流对象名> >> <变量名>　　B. <输入流对象名> << <变量名>

C. <输出流对象名> << <变量名>　　D. <输入流对象名> >> <变量名>

9. 设有 double 类型变量 data，现要求用二进制方式将 data 数据写入到文件流对象 myoutfile 中，应该使用的语句是(　　)。

A. myoutfile.write((double ＊)&data,sizeof(double))；

B. myoutfile.write((double ＊)&data,data)；

C. myoutfile.write((char ＊)&data,sizeof(double))；

D. myoutfile.write((char ＊)&data,data)；

10. 函数调用语句：myFile.seekg(-20,ios::end)；的含义是(　　)。

A. 将文件位置指针移到距离文件头 20 个字节处

B. 将文件位置指针从当前位置向后移动 20 个字节

C. 将文件位置指针从文件末尾处后退 20 个字节

D. 将文件位置指针移到离当前位置 20 个字节处

二、程序设计题

1. 随机产生 10 个三位整数，并将它们按二进制形式写入到文件 data.txt 中。

2. 已知二进制文件 data. txt 中 10 个整型数据,请编写制程序求出这些整数的平均值。
3. 随机产生 10 个三位整数,并将它们按二进制形式写入到文件 data. txt 中。要求写入数据部分用独立的函数实现。
4. 一文本文件中有若干英语句子,编写程序将其中的每个单词首字母改成大写英文字母。
5. 一个文本文件中有若干用 setw(4)控制写入的三位整型数据,编写程序将其中的所有奇数修改为不大于原数的最大偶数。
6. 随机生成一个 5 行 8 列的二维整型数组,将其中的数据写入指定文件中,要求每次写入二维数组中的一行。然后,将文件中的数组内容读出并显示到屏幕上。

第 2 部分
面向对象程序设计基础

C 语言采用面向过程的程序设计方法,这种方法能够很好地模拟一个已经被清晰定义过的事物运行过程。但是,现实世界有很多复杂的过程不能被面向过程的程序设计思想来模拟,这些复杂过程不能用三种基本过程(顺序、选择、分支)来从头至尾加以描述,它的运行过程依赖于某些特定实体的行为和属性,也依赖于实体之间的特定联系。例如:电梯的运行过程是复杂的,它在某一天的运行情况是未知的,完全依赖于乘客的行为。电梯的运行过程并不能很好地用三种基本过程来清晰定义,因而无法使用面向过程的程序设计思想来编写程序模拟电梯一天的运行情况。电梯运行的整个过程实际是由电梯和乘客之间发生功能调用来决定的,需要能够模拟电梯的开门、关门,从一个楼层运行到另一个楼层,显示所处楼层,通知到达某个楼层等功能;也需要描述乘客的按上楼键、按下楼键、按关门键、按开门键、按楼层编号键、进电梯、出电梯等行为,这种调用关系可以看做是消息传递。在面向对象程序设计这一部分,以 C ++ 语言为载体,从一种全新的角度来分析现实世界的事物运行过程,讨论面向对象程序设计基本思想和方法以及C ++ 程序设计语言实现过程。

面向对象的程序设计方法的主要特点包括:抽象、封装、继承和多态。抽象是指将一个事物不需要的属性和行为去除掉,保留与所构建系统有关的属性和行为的过程。封装是指将一个事物对外联系的属性和行为暴露出来,同时隐藏与内部运行机制有关的属性和行为的方法。继承是一类事物与另一类事物之间的联系,它是一种在保留一类事物属性和行为的基础上进行某些改变,从而生成新的一类事物的方法。它也是将一个广泛的概念转向更特定化的过程。广义的多态是指一段程序能够处理多种类型对象的能力;狭义的多态是指不同对象能够针对相同消息作出不同的行为响应。

第4章

类与对象

使用 C ++ 语言中的基本数据类型来描述现实世界的事物是非常困难的，我们需要根据不同的应用背景来定义不同的数据类型，用以代表软件系统中的某类事物。并且，在定义这些事物类型时，需要进行抽象处理，把那些与软件系统有关的事物属性保留下来，去除那些与软件系统无关的事物属性。例如，我们在开发教务管理系统时，希望定义一个能代表学生的数据类型，那么与教务管理无关的身高、体重、兴趣爱好等学生属性就应该被去除，而应该保留姓名、性别、出生年月、学号、所属学院等属性。在这个软件系统中，我们就可以使用自定义的这个类型来代表学生这一类事物。C ++ 语言中使用“类”(Class)这个词来表示抽象后某类事物。

对象(Object)是指某一类事物的实例，一个对象就代表某类事物的一个实例。例如，在前述的教务管理系统中，需要对名叫“张三”这个学生的教学信息进行处理，就需要从学生这个类中定义一个对象，此对象的姓名属性为“张三”，其他属性也应该逐一初始化。教务管理系统需要管理 1 000 个学生，就需要有 1 000 个对象来代表每一个学生。

类与对象的关系就如同 C ++ 语言中的基本数据类型与变量的关系。类可以看作程序员自定义的数据类型，对象就是自定义数据类型的变量。我们在使用时，也必须先定义类，再定义类的对象。

4.1 类与对象的概念

4.1.1 类的定义

定义类的一般形式如下：

```
class 类名
{
public:
```

```
        公共成员
    protected:
        保护成员
    private:
        私有成员
};
```

class 是关键字,表示类的定义。类名是程序员为这个类起的名字,最好做到见名知意,一般情况下类名的每个单词首字母都大写。一对大括号{}表示类定义体的起止点,后面必须跟一个分号。定义体内需要说明这个类所具备的成员,而成员又分为数据成员(又称成员变量或属性)和函数成员(又称成员函数或方法)。所有的成员都要指定外部访问控制方式:public 指定的是在该类对象外部可以访问的成员,由于这是该类对象能够与外界发生联系的部分,所以称为外部接口;protected 指定的是以该类为父类的子类对象能够访问的成员;private 指定的是只能被该类对象访问的成员。这三类访问控制关键字出现的顺序是任意的,甚至可以重复出现多次。

例如,在一个画图系统中,需要定义很多的图形元素,我们在这里先给出一个代表"点"的类的定义:

```
class Point
{
  public:
    void draw();
    void setCoordinate(float xValue,float yValue);
  private:
    float x,y;
};
```

其中,Point 是类名。外部接口有两个成员函数,分别为 draw 和 setCoordinate,draw 成员函数用来画出该类对象所代表的点的位置,setCoordinate 成员函数用来设置该类对象所代表的点的坐标。私有成员变量 x 和 y 分别代表了点的 x 轴和 y 轴坐标。

上述类中只给出了成员函数的原型申明,并没有实现该函数。一种比较好的程序设计方法是将成员函数的实现需要放在类定义的后面,其一般形式如下:

```
返回值类型 类名::函数成员名(参数表)
{
  //函数体代码
}
```

其中,:: 符号是作用域分辨符,它可以用来限定符号右面的成员属于左面的类,以防止在同一作用域下成员同名的情况发生。例如,Point 类的两个成员函数实现如下:

```
void Point :: draw()
{
    cout << "Point:x:" << x << ", y:" << y << endl;
```

```
}
void Point::setCoordinate(float xValue, float yValue)
{
    x = xValue;
    y = yValue;
}
```

类的定义和类成员函数的实现可以分别放在两个文件中,一般将类定义用头文件形式(后缀名为 h)保存,类成员函数的实现用源文件形式(后缀名为 cpp)保存。例如,Point 类定义有关代码可以放在 Point. h 文件中,成员函数的实现代码可以放在 Point. cpp 文件中。

程序在执行过程中如果遇到函数调用,需要消耗内存空间和 CPU 时间进行调用点现场保留和参数传递。如果某类函数需要频繁地被调用,所需要消耗的空间和时间资源就是程序设计中一个值得考虑的问题。一个简单的方法就是取消函数定义和调用,在需要函数功能的地方插入相同的功能代码,可以通过在第 1 章中讨论过的内联函数来实现。

例 4.1 定义画图系统中代表点元素的 Point 类。

```
//Point.h
class Point
{
  public:
    void draw();
    void setCoordinate(float xValue,float yValue);
  private:
    float x,y;
};
//Point.cpp
#include <iostream>
#include "Point.h"
using namespace std;
void Point::draw()
{
    cout << "Point: x:" << x << ", y:" << y << endl;
}
void Point::setCoordinate(float xValue,float yValue)
{
    x = xValue;
    y = yValue;
}
```

4.1.2 对象的建立和使用

类的定义只是构造了一种具有数据和行为的数据类型,需要定义类的对象才能使用,定义对象的一般形式如下:

类名 对象名列表;

例如,我们要定义 Point 类的两个对象 point1 和 point2,使用的代码形式是:

```
Point point1, point2;
```

程序运行到对象定义时,系统会为对象分别开辟存储空间,以存放各自的成员变量值,所需的内存空间大小等于该对象所属类中定义的成员变量所需的内存字节数的总和。而对象所具有的成员函数代码不会被复制出来单独赋予同一类的不同对象。也就是说,同一类的所有对象都共享唯一一份成员函数执行代码。Point 类具有两个成员变量,都是 float 类型,在 32 位系统中,float 类型变量占据 4 个字节,那么 point1 和 point2 都分别占据 8 个字节。

操作对象是通过操作对象的成员来实现的,调用成员变量的一般形式如下:

对象名.成员变量名

调用成员函数的一般形式如下:

对象名.成员函数名(参数表)

例如,访问 point1 对象的 setCoordinate 成员函数代码如下:

```
point1.setCoordinate(1.0, 2.0);
```

下面给出使用 point1 和 point2 两个对象的主程序。

例 4.2 定义两个点对象,并设置其坐标值,并画出每个点。

```
//PointOperation.cpp
#include "Point.h"
int main()
{
    Point point1, point2;
    point1.setCoordinate(1.0, 2.0);
    point2.setCoordinate(-1.0, -2.0);
    point1.draw();
    point2.draw();
    return 0;
}
```

程序运行后的输出如下:

```
Point: x: 1, y: 2
Point: x: -1, y: 2
```

相同类的不同对象之间可以直接使用赋值运算符进行赋值,赋值方式是将运算符右面的对象的所有成员变量逐一赋值给运算符左面的对象的相同成员变量。例如,语句 point1 = point2;执行后,point1 对象的每个成员变量的值就与 point2 完全一致。

对象也可以作为类的成员变量。例如,在画图系统中,线段类 Line 用两个 Point 成员表示线段有两个端点,可以设计出 Line 类如以下所示:

```
class Line
{
  public:
        void setEndPoint(Point point_1, Point point_2);
        void draw();
        float getLength();
  private:
        Point point1, point2;
};
```

Line 类有三个成员函数,其中 setEndPoints 用以设置线段端点,函数的两个参数都是 Point 对象,用以给私有成员 point1 和 point2 赋值;draw 用来画出这条线段;getLength 用来求得线段的长度。

如果两个 Line 对象之间进行赋值操作,由于其成员变量也是对象,所以赋值操作会被递归,一直到基本数据类型之间的成员变量赋值为止。例如:

```
Point point1, point2, point3, point4;
point1.setCoordinate(1.0, 2.0);
point2.setCoordinate( -1.0, -2.0);
point3.setCoordinate(3.0, 4.0);
point4.setCoordinate( -3.0, -4.0);
Line line1, line2;
line1.setEndPoint(point1,point2);
line2.setEndPoint(point3,point4);
line2 = line1;
```

这些代码被执行后,line1 和 line2 实际上代表的是同一条线段,其两个端点均为 point1 和 point2,两个端点的坐标分别为(1.0, 2.0)和(-1.0, -2.0)。

例 4.3 定义一条线段,设置其两个端点。画出这条线段,并显示其长度。

```
//Point.h
class Point
{
  public:
    void draw();
    void setCoordinator(float xValue, float yValue)
    {
      x = xValue;
      y = yValue;
    }
```

```
        float getX();
        float getY();
    private:
        float x, y;
};

//Point.cpp
#include "Point.h"
#include <iostream>
using namespace std;

void Point::draw()
{
    cout << "Point: x:" << x << ", y:" << y << endl;
}
float Point::getX()
{
    return x;
}
float Point::getY()
{
    return y;
}

//Line.h
#include "Point.h"

class Line
{
    public:
        void setEndPoints(Point point_1, Point point_2);
        void draw();
        float getLength();
    private:
        Point point1, point2;
};
```

```
//Line.cpp
#include "Line.h"
#include <iostream>
using namespace std;

void Line::setEndPoints(Point point_1, Point point_2)
{
    point1 = point_1;
    point2 = point_2;
}
void Line::draw()
{
    cout << "Line: from (" << point1.getX() << ", " << point1.getY();
    cout << ") to (" << point2.getX() << ", " << point2.getY() << ")" <<
    endl;
}
float Line::getLength()
{
    return sqrt(pow(point1.getX() - point2.getX(), 2) +
                pow(point1.getY() - point2.getY(), 2));
}

//LineOperation.cpp
#include "Line.h"
#include <iostream>
using namespace std;

int main()
{
    Point point1, point2;
    Line line1;
    point1.setCoordinator(1.0, 2.0);
    point2.setCoordinator(-1.0, -2.0);
    line1.setEndPoints(point1, point2);
    cout << "The length of line1 is " << line1.getLength() << endl;
    line1.draw();
    return 0;
}
```

程序运行后的输出如下：

```
The length of line1 is 4.47214
Line from (1,2) to (-1,-2)
```

程序中的 Point 类增加了两个成员函数 getX 和 getY，用以向外界提供该点的坐标值。另外一种做法是将 Point 类的 x 和 y 成员变量设置为公共接口 public，但是这种情况下外部程序可以任意修改 x 和 y 的值而不受控制，这样的做法违背了封装的原则。

4.1.3 类成员的存取控制

封装是面向对象程序设计思想的重要特征。设计类时，应该重点考虑类中的哪些成员函数可以暴露出来作为外部接口，为了实现这些外部接口而设计的类成员变量和其他成员函数应该被隐藏在类的内部。尤其是在团队合作开发大型软件时，类的设计与实现者并不是这个类最终的使用者，为了保障类的外部接口功能逻辑的正常，需要严格限制被暴露出来的类成员。

C ++ 语言为了实现这个设计原则，在语法上允许对每个类成员制定访问控制权限。可以使用的关键字有 public，protected 和 private。由于 protected 的使用需要涉及类的继承和派生，所以我们将在后面的 6.2 节进行讨论。

用 public 关键字修饰的类成员是外部接口，可以被其他任何类访问。如果外部接口是成员函数，那么其他类可以调用该类对象的这个成员函数；如果外部接口是成员变量，那么其他类可以对其进行取值或赋值操作。

用 private 关键字修饰的类成员是私有成员，只有该类内部的成员函数可以访问私有成员，其他任何类都不能。例如，在例 4.3 的主函数 main 中，如果存在如下代码：

```
cout << "x: " << line1.point1.x;
```

那么编译系统会报错：

```
error C2248: 'Line::point1' : cannot access private member declared in class 'Line'
error C2248: 'Point::x' : cannot access private member declared in class 'Point'
```

这是因为 point1 是 Line 类的私有成员，x 也是 Point 类的私有成员，不能够直接访问私有成员。

如果在类定义时不为某个成员指定访问控制修饰符，那么就默认为 private，这样可以使得类的访问更加安全。

4.2 构造函数和析构函数

对于基本数据类型变量而言，系统会按照定义情况选择合适的时机为其开辟适当的内存空间，并根据其类型对其进行初始化（外部变量初始化为 0，静态变量初始化为指定的值，自动变量不进行初始化）。当不再使用该变量时，系统会撤销它，并回收其所占内存空间。基本数据类型变量的使用相对于对象而言，是比较简单的，因为变量只被用来存放数据，本身是独立的，变量之间的逻辑联系是由代码控制。对象内部有若干成员，并且这些成员也有可能是另外的对象，它们之间保持着逻辑上的紧密联系，所以对这些成员的初始化和撤销过程比基本数据类型变量要复杂得多。为了更好地进行对象的初始化和撤销，C ++ 语言提供构造函数和析构函数的方式清晰地实现初始化和撤销过程。

构造函数用于为对象的成员进行逐一初始化赋值、向系统申请资源、记录程序运行状态等操作。析构函数用于清除对象所用的系统资源、保留运行痕迹等操作。每个对象都有构造函数和析构函数，即使程序员没有显示地定义，编译系统也会为其构造默认的形式。

4.2.1 构造函数

类的构造函数是一个特殊的成员函数，它的名称必须与类名相同，不能有返回类型，通常为公有函数，其定义和实现的一般形式如下：

```
class 类名
{
  public:
    类名(形参表);
    …
};

类名 :: 类名(形参表)
{
    构造函数体
}
```

例如，为类 Point 加上构造函数如下：

```
Point::Point()
{
    x = 0.0;
    y = 0.0;
}
```

根据需要，我们可以定义具有不同参数表的构造函数，当然，根据重载函数的原则，不能具有相同参数表的多个构造函数。例如，可以有如下构造函数：

```
Point(float xValue, float yValue)
{
    x = xValue;
    y = yValue;
}
```

下面这个例子说明了构造函数在对象初始化时的运行时机。

例 4.4 具有构造函数的 Point 类的使用。

```
//Point.h
class Point
{
```

```
public:
    Point(float xValue, float yValue);
    void draw();
private:
    float x, y;
};

//Point.cpp
#include "Point.h"
#include <iostream>
using namespace std;

Point::Point(float xValue, float yValue)
{
    x = xValue;
    y = yValue;
    cout << "Point is initialized by " << xValue << ", " << yValue << endl;
}

void Point::draw()
{
    cout << "Point: x:" << x << ", y:" << y << endl;
}

//PointOperation.cpp
#include "Point.h"

int main()
{
    Point point1(1.0, 2.0), point2(-1.0, -2.0);
    point1.draw();
    point2.draw();
    return 0;
}
```

程序运行后的输出如下：

```
Point is initialized by 1, 2
Point is initialized by -1, -2
Point: x:1, y:2
```

```
Point: x: -1, y: -2
```

从程序运行结果可以看出:构造函数是当对象定义时被调用,构造函数被调用的顺序等于对象被定义的顺序。在构造函数调用前,系统已经为成员变量开辟内存空间,在构造函数中可以操作成员变量。

如果定义构造函数,系统会自动构建一个参数表为空的构造函数。但是如果一旦定义了任何形式的构造函数,那么系统就不会再自动构建默认构造函数。如果此时想再使用默认构造函数进行对象初始化,编译系统会报错。例如,将例4.4中的main函数改为:

```
int main()
{
    Point point1, point2;
    point1.draw();
    point2.draw();
    return 0;
}
```

编译时,系统报错:error C2512: 'Point' : no appropriate default constructor available。

可以为Point类构造多个具有不同参数表的构造函数(包括默认的构造函数),以满足不同情况下的初始化操作。

例4.5 具有多个构造函数的Point类的使用。

```
//Point.h
class Point
{
  public:
    Point();
    Point(float xValue);
    Point(float xValue, float yValue);
    void draw();
  private:
    float x, y;
};

//Point.cpp
#include "Point.h"
#include <iostream>
using namespace std;

Point::Point()
{
    x = 0.0;
```

```
        y = 0.0;
        cout << "In constructor 1" << endl;
        cout << "All the member variable are initialized by 0.0" << endl;
    }
    Point::Point(float xValue)
    {
        x = xValue;
        y = 0.0;
        cout << "In constructor 2" << endl;
        cout << "x is initialized by " << xValue;
        cout << ", and y is initialized by 0.0" << endl;
    }
    Point::Point(float xValue, float yValue)
    {
        x = xValue;
        y = yValue;
        cout << "In constructor 3" << endl;
        cout << "Point is initialized by " << xValue << "," << yValue << endl;
    }
    void Point::draw()
    {
        cout << "Point: x:" << x << ", y:" << y << endl;
    }

    //PointOperation.cpp
    #include "Point.h"

    int main()
    {
        Point point1, point2(1.0), point3(1.0,2.0);
        point1.draw();
        point2.draw();
        point3.draw();
        return 0;
    }
```

程序运行后的输出如下：

```
In constructor 1
All the member variable are initialized by 0.0
```

```
In constructor 2
x is initialized by 1, and y is initialized by 0.0
In constructor 3
Point is initialized by 1, 2
Point: x:0, y:0
Point: x:1, y:0
Point: x:1, y:2
```

4.2.2 析构函数

类的析构函数也是一个特殊的成员函数,它的名称必须是由类名前加上 ~ 符号组成,不能有返回类型,不能有任何参数,通常为公有函数,其定义和定义的一般形式如下:

```
class 类名
{
  public:
    ~类名();
    ...
};

类名::~类名()
{
    析构函数体
}
```

例如,可以为类 Point 加上如下所示的析构函数:

```
Point::~Point()
{
    cout << "In destructor" << endl;
}
```

下面的例子给出了析构函数的运行时机。

例 4.6 具有析构函数的 Point 类的使用。

```
//Point.h
class Point
{
  public:
    Point(float xValue, float yValue);
    ~Point();
    void draw();
  private:
    float x, y;
```

```
};

//Point.cpp
#include "Point.h"
#include <iostream>
using namespace std;

Point::Point(float xValue, float yValue)
{
    x = xValue;
    y = yValue;
    cout << "Point is initialized by " << xValue << ", " << yValue << endl;
}
Point::~Point()
{
    cout << "In destructor, x:" << x << ", y:" << y << endl;
}
void Point::draw()
{
    cout << "Point: x:" << x << ", y:" << y << endl;
}

//PointOperation.cpp
#include "Point.h"

int main()
{
    Point point1(1.0,2.0),point2(-1.0, -2.0);
    point1.draw();
    point2.draw();
    return 0;
}
```

程序运行后的输出如下：

```
Point is initialized by 1, 2
Point is initialized by -1, -2
Point: x: 1, y:2
Point: x: -1, y: -2
In destructor, x: -1, y: -2
```

```
In destructor, x:1, y:2
```

从程序运行结果可以看出:析构函数是当系统判断对象不再被使用而撤销对象时调用的。析构函数被调用的顺序与对象定义的顺序相反。在析构函数调用前,系统还没有回收成员变量的内存空间,在构造函数中可以操作成员变量。析构函数执行完毕后,对象的成员变量所占内存空间将被回收。

如果没有定义析构函数,系统会自动为类定义析构函数。析构函数的参数表必须为空,所以不能定义重载的多个析构函数。

4.2.3 拷贝构造函数

C ++ 语言中还有一种特殊的构造函数,称为拷贝构造函数。它在使用一个已有对象去初始化另一个新生成的对象时被调用。该构造函数的参数表只有一个具有相同类型的对象的引用。如果不指定拷贝构造函数,系统也会自动构建一个默认的拷贝构造函数。默认拷贝构造函数的功能是将参数对象的每个成员的值逐一赋给新建立的对象。拷贝构造函数定义的一般形式如下:

```
class 类名
{
  public:
    类名(类名 & 对象名);
    …
};

类名 :: 类名(类名 & 对象名)
{
    拷贝构造函数体
}
```

例如,下面的例子为Point类定义了一个拷贝构造函数。

```
Point::Point(Point &p)
{
    x = p.x;
    y = p.y;
}
```

拷贝构造函数会在三种情况下被调用:

①定义一个对象时,用另一个已有的对象进行初始化。例如:

```
Point p1(1.0,2.0);
Point p2(p1);
```

此时,在定义p2对象时,系统会将赋值符右面的p1对象的引用作为参数,自动调用拷贝构造函数,p2的两个成员变量也会被赋值为1.0和2.0,与p1保持一致。

②当具有对象作为参数的函数被调用时。例如:

```
void printPoint(Point p)
{
    cout << "Point: x:" << p.getX() << ", y:" << p.getY() << endl;
}
int main()
{
    Point point1(1.0, 2.0);
    printPoint(point1);
}
```

当发生函数调用时,由于需要将实参 point1 传递给形参 p,系统自动调用拷贝构造函数,实参 point1 对象的引用将作为拷贝函数的参数。拷贝构造函数调用完成后,形参 p 具有和实参 point1 完全一致的成员变量值,接下来,系统再执行被调函数 printPoint 的函数体。但是对象的引用作为函数调用参数时,系统不会自动调用拷贝构造函数。

③当有对象作为函数的返回值时。例如:

```
Point createPoint()
{
    Point point1(1.0, 2.0);
    return point1;
}
int main()
{
    Point p;
    p = getPoint();
}
```

createPoint 函数执行完成后,会将对象 point1 作为函数值返回,但是 point1 是局部对象,它在 createPoint 函数调用结束之后会立即被系统回收,那么就无法使用它来对 main 函数中的 p 对象赋值。为了解决这个问题,C ++ 语言会自动生成一个匿名的 Point 对象来接收 createPoint 函数的返回值,并用这个匿名对象来对 p 赋值。拷贝构造函数的调用会发生在匿名对象接收函数返回值时,而不会发生在匿名对象对 p 赋值时。这个匿名对象的生存期只限制在 p = getPoint( )这一行中,执行完这一行立即被撤销。当拷贝构造函数被调用时,point1 对象的引用被作为参数,匿名对象的每个成员变量都被 point1 对象初始化。

下面的完整例子说明了这三个调用时机。

例 4.7 具有拷贝构造函数的 Point 类的使用。

```
//Point.h
class Point
{
  public:
    Point(float xValue, float yValue);
```

```
    Point(Point &p);
    void draw();
    float getX();
    float getY();
  private:
    float x, y;
};
//Point.cpp
#include "Point.h"
#include <iostream>
using namespace std;

Point::Point(float xValue, float yValue)
{
    x = xValue;
    y = yValue;
}
Point::Point(Point &p)
{
    x = p.x;
    y = p.y;
    cout << "In copy contructor, x=" << x << ", y=" << y << endl;
}
void Point::draw()
{
    cout << "Point: x:" << x << ", y:" << y << endl;
}
float Point::getX()
{
    return x;
}
float Point::getY()
{
    return y;
}

//PointOperation.cpp
#include "Point.h"
```

```
#include <iostream>
using namespace std;

void printPoint(Point p)
{
    cout << "Point: x:" << p.getX() << ", y:" << p.getY() << endl;
}
Point createPoint()
{
    Point point1(-1.0, -2.0);
    return point1;
}
int main()
{
    Point p1(1.0, 2.0);
    p1.draw();
    Point p2 = p1;          //情况 1
    p2.draw();
    printPoint(p2);         //情况 2
    p2 = createPoint();     //情况 3
    p2.draw();
    return 0;
}
```

程序运行后的输出如下：

```
Point: x:1, y:2
In copy constructor, x=1, y=2
Point: x:1, y:2
In copy constructor, x=1, y=2
Point: x:1, y:2
In copy constructor, x=-1, y=-2
Point: x:-1, y:-2
```

4.2.4 浅拷贝和深拷贝

在没有自定义拷贝构造函数的情况下，系统会自动构建一个默认的拷贝构造函数，此函数的功能是将参数对象的每个成员的值逐一赋给新建立的对象。这和例4.7中构建的自定义拷贝构造函数功能一致（我们的函数多一条输出语句）。换言之，例4.7中的拷贝构造函数完全可以取消，并不会影响main函数的执行，读者可以自己试试。那么，自定义拷贝构造函数的意义何在呢？我们看看下面的这个程序存在的问题。

例 4.8 用指针作为 Point 类的成员变量，以动态内存分配的方式为其指定存储空间。

```
//Point.h
class Point
{
  public:
    Point();
    Point(float xValue, float yValue);
    ~Point();
    void draw();
    float getX();
    float getY();
    void setX(float xValue);
    void setY(float yValue);
  private:
    float *x, *y;
};

//Point.cpp
#include "Point.h"
#include <iostream>
using namespace std;

Point::Point()
{
    x = new float();
    y = new float();
    *x = 0.0;
    *y = 0.0;
}
Point::Point(float xValue, float yValue)
{
    x = new float();
    y = new float();
    *x = xValue;
    *y = yValue;
}
Point::~Point()
```

```
{
    delete x;
    delete y;
}
void Point::draw()
{
    cout << "Point: x:" << *x << ", y:" << *y << endl;
}
float Point::getX()
{
    return *x;
}
float Point::getY()
{
    return *y;
}
void Point::setX(float xValue)
{
    *x = xValue;
}
void Point::setY(float yValue)
{
    *y = yValue;
}
//PointOperation.cpp
#include "Point.h"
#include <iostream>
using namespace std;

int main()
{
    Point p1(1.0, 2.0);
    Point p2 = p1;
    p1.draw();
    p2.draw();
    p1.setX(-1.0);
    p1.setY(-2.0);
    p1.draw();
```

```
    p2.draw();
    return 0;
}
```

程序运行后输出下面的结果,并在结束运行前报错:

```
Point: x:1, y:2
Point: x:1, y:2
Point: x: -1, y: -2
Point: x: -1, y: -2
```

在 main 函数中,p1 通过默认拷贝构造函数将所有的成员变量值赋给 p2,两个对象的 draw 函数调用输出表明了它们是一致的。但是,在通过调用 p1 的 setX 和 setY 两个成员函数后,draw 函数的输出显示 p2 的成员变量值也被改变了,出现这种问题的原因在于本例中 Point 的成员变量 x,y 不再是普通变量,而是指针变量。当构造函数被调用时,new 语句分别开辟了新的内存存储区域,并将区域的首地址分别赋予 x 和 y,指针 x 和 y 就分别指向这两块存储区域。由于没有自定义的拷贝构造函数,系统会自动构建一个默认的拷贝构造函数,它的作用是将每个成员变量的值进行复制。main 函数中定义 p2 变量时,使用 p1 进行赋初值操作,此时触发拷贝构造函数执行,p1 的两个指针成员变量将其存储的地址值赋给 p2 的两个指针成员变量,那么 p1 和 p2 的两个成员变量就分别指向了同一块存储区域。显然,修改 p1 的 x,y 成员所指向的变量的值,实际上也就同时修改了 p2 的 x,y 成员所指向的变量。如图 4.1 所示说明了这个过程。

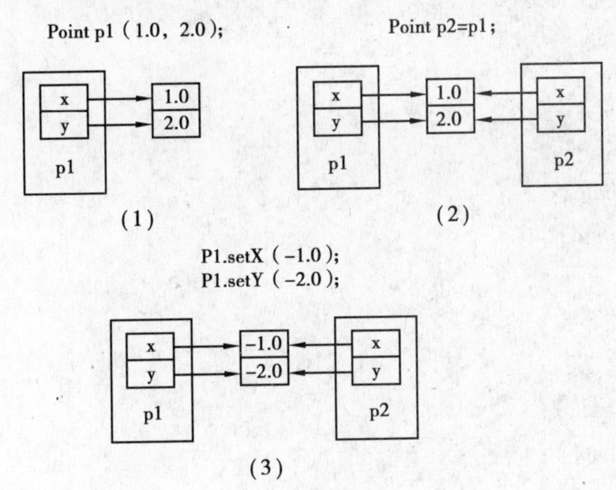

图 4.1 浅拷贝导致的内存空间共享

程序结束前,需要依次调用 p2 和 p1 的析构函数,当调用 p2 的析构函数时,delete 语句释放了 p2 对象的成员指针变量指向的内存空间;当调用 p1 的析构函数时,delete 也会做同样的工作,但是它想释放的内存区域已经被释放了,所以系统就报错。

这种不考虑成员变量的类型,只是简单地逐一赋值的拷贝方式,叫作浅拷贝。

解决浅拷贝存在问题的方法是使用自定义的拷贝构造函数进行深拷贝。所谓的深拷贝,就是除了浅拷贝支持的直接赋值之外,针对指针成员变量进行深一步的开辟空间和赋值操作。如果成员变量也是对象时,同时要确保此对象的拷贝也是进行深拷贝,并且需要递归到只含有基本数据类型成员变量的对象,才能保证真正的进行了深拷贝。例 4.9 是在例 4.8 的基础之上修改的深拷贝版本。

例 4.9 使用深拷贝解决例 4.8 中浅拷贝带来的内存共享问题。

```
//Point.h
class Point
{
  public:
    Point();
    Point(float xValue, float yValue);
    Point(Point &p);
    ~Point();
    void draw();
    float getX();
    float getY();
    void setX(float xValue);
    void setY(float yValue);
  private:
    float *x, *y;
};

//Point.cpp
#include "Point.h"
#include <iostream>
using namespace std;

Point::Point()
{
    x = new float();
    y = new float();
    *x = 0.0;
    *y = 0.0;
}
Point::Point(float xValue, float yValue)
{
    x = new float();
    y = new float();
    *x = xValue;
```

```
    *y = yValue;
}
Point::Point(Point &p)
{
    x = new float();
    y = new float();
    *x = *(p.x);
    *y = *(p.y);
}
Point::~Point()
{
    delete x;
    delete y;
}
void Point::draw()
{
    cout << "Point: x:" << *x << ", y:" << *y << endl;
}
float Point::getX()
{
    return *x;
}
float Point::getY()
{
    return *y;
}
void Point::setX(float xValue)
{
    *x = xValue;
}
void Point::setY(float yValue)
{
    *y = yValue;
}

//PointOperation.cpp
```
（同例4.8）

程序运行后的输出如下：

```
Point: x:1, y:2
Point: x:1, y:2
Point: x: -1, y: -2
Point: x:1, y:2
```

从上述输出结果可见，改变 p1 的成员变量值，不会影响 p2 的成员变量值。当设计的类中包含指针成员变量时，应该自定义具有深度拷贝功能的拷贝构造函数。

4.3 对象的使用

4.3.1 对象指针

对象的成员变量是连续存放在内存中的，其连片存储区域的首地址可以代表整个对象，所以我们可以用指针变量来存放该首地址，以达到用指针来指向某个对象的目的。这样的指针称为指向对象的指针，或对象指针。定义对象指针的一般形式如下：

类名 * 指针名；

例如：Point *ptr;

使用取地址运算符"&"取得对象的地址后赋给对象指针，可以使其指向这个对象，例如：

```
Point point1(1.0, 2.0);
ptr = &point1;
```

使用对象指针访问其中的成员变量或成员函数时，可以使用"->"运算符，也可以使用"*"运算符和括号将对象指针还原为对象，然后使用"."运算符来访问对象成员。例如：

ptr -> draw();　等价于　(*ptr).draw();

可以使用对象指针代替对象作为函数的形式参数，这样可以在函数被调用时减少内存空间的占用和参数传递的 CPU 时间占用，例 4.10 中的函数 getDistance 就是采用对象指针作为形式参数。

例 4.10　使用对象指针做函数参数。

```
//Point.h
(同例4.9)
//Point.cpp
(同例4.9)
//PointOperation.cpp
#include "Point.h"
#include <iostream>
using namespace std;
```

```
float getDistance(Point *p1, Point *p2)
{
    return sqrt(pow(p1->getX() - p2->getX(), 2) +
        pow(p1->getY() - p2->getY(), 2));
}
int main()
{
    Point p1(1.0, 2.0), p2(-1.0, -2.0);
    Point *ptr1, *ptr2;
    ptr1 = &p1;
    ptr2 = &p2;
    cout << getDistance(ptr1, ptr2) << endl;
    return 0;
}
```

程序运行后的输出是：

```
4.47214
```

4.3.2 对象引用

我们在 2.2 节中介绍了引用型变量，它可以认为是另一个变量的别名，定义引用型变量时必须为其初始化值，让其代表某一个变量，并且在后续的使用过程中不能改变它所代表的变量。因此，引用型变量一般都用来作为函数的形式参数，用它在被调函数中代表主调函数的实际参数。

可以为对象指定一个引用变量，称为对象引用，它的本质也是为对象设定一个别名。当使用对象引用作为函数的形式参数时，它在被调函数中代表主调函数的实际对象参数，这样做既可以让被调函数通过调用实际对象参数的成员来修改其属性状态，又可以节省参数传递所消耗的内存空间和 CPU 运算时间。下面这个例子就比较了对象和对象引用分别作为形式参数时，对实际对象成员变量的影响。

例 4.11 对象引用做函数参数。

```
//Point.h
class Point
{
  public:
    Point();
    Point(float xValue, float yValue);
    void draw();
    float getX();
    float getY();
```

```
    private:
        float x,y;
};

//Point.cpp
#include "Point.h"
#include <iostream>
using namespace std;

Point::Point()
{
    x = 0.0;
    y = 0.0;
}
Point::Point(float xValue, float yValue)
{
    x = xValue;
    y = yValue;
}
void Point::draw()
{
    cout << "Point: x:" << x << ", y:" << y << endl;
}
float Point::getX()
{
    return x;
}
float Point::getY()
{
    return y;
}
//PointOperation.cpp
#include "Point.h"
#include <iostream>
using namespace std;

void swap1(Point p1, Point p2)
{
```

```
    Point temp;
    temp = p1;
    p1 = p2;
    p2 = temp;
}
void swap2(Point &p1, Point &p2)
{
    Point temp;
    temp = p1;
    p1 = p2;
    p2 = temp;
}
int main()
{
    Point p1(1.0, 2.0), p2(-1.0, -2.0);
    swap1(p1, p2);
    p1.draw();
    p2.draw();
    swap2(p1, p2);
    p1.draw();
    p2.draw();
    return 0;
}
```

程序运行后的输出是:

```
Point: x:1, y:2
Point: x: -1, y: -2
Point: x: -1, y: -2
Point: x:1, y:2
```

前两行输出结果表明实际参数对象 p1 和 p2 没有被交换,而后两行输出则表明实际参数对象 p1 和 p2 的成员变量值已经在被调函数 swap2 中被交换了,这就说明了对象引用只是为对象取了个别名,参与运算的依然是实际参数对象。

4.3.3 对象数组

属于同一类的若干个对象可以用数组组织起来,例如,一个多边形类需要存储每个顶点对象,那么可以使用一个 Point 类的对象数组来作为多边形类的成员变量。定义对象数组的一般形式如下:

类名 数组名[常量表达式];

其中的常量表达式代表了数组的元素个数。例如,语句 Point pointArray[3];定义了名为

pointArray 的对象数组,数组中有 5 个元素,每个元素都是 Point 类的对象。

与基本类型的数组相同,使用下标运算符来获取每个元素,例如 pointArray[2]就代表了数组的第 2 号元素。每个数组元素都是对象,那么也可以用". "运算符访问其下的成员,如:pointArray[2]. draw()。

可以在定义对象数组时为其进行初始化,例如:

```
Point pointArray1[2] = { Point(1.0,2.0), Point( -1.0,2.0) };
Point pointArray2[2] = { Point(1.0,2.0) };
```

第一条语句在定义数组 pointArray1 的同时,为每个对象元素进行初始化,系统将调用具有两个 float 参数的构造函数进行对象的初始化。第二条语句中,在定义数组 pointArray2 时,只对第 0 号元素进行了初始化,那么第 1 号元素的初始化需要调用不带任何参数的默认构造函数进行。

例 4.12　对象数组的应用。

```
//Point.h
(同例4.11)
//Point.cpp
(同例4.11)
//Line.h
#include "Point.h"
class Line
{
  public:
    Line();
    Line(Point p1, Point p2);
    void draw();
  private:
    Point point1, point2;
};
//Line.cpp
#include "Line.h"
#include <iostream>
using namespace std;
Line::Line()
{ }
Line::Line(Point p1, Point p2)
{
    point1 = p1;
    point2 = p2;
}
```

```
void Line::draw()
{
    cout << "Line: from (" << point1.getX() << ", " << point1.getY() << ") to
        (" << point2.getX() << ", " << point2.getY() << ")" << endl;
}
//ArrayOperation.cpp
#include "Line.h"
#include <iostream>
using namespace std;

int main()
{
    Point pointArray[4] = {Point(1.0,2.0), Point(1.0, -2.0),
                           Point(-1.0, -2.0), Point(-1.0, 2.0)};
    for (int i = 0; i < 4; i++)
    {
        pointArray[i].draw();
        int j = (i + 1) % 4;
        Line line(pointArray[i], pointArray[j]);
        line.draw();
    }
    return 0;
}
```

上面程序的功能是模拟画出一个四边形的四个点和四条边，程序运行后的输出如下：

```
Point: x:1, y:2
Line: from (1, 2) to (1, -2)
Point: x:1, y:-2
Line: from (1, -2) to (-1, -2)
Point: x:-1, y:-2
Line: from (-1, -2) to (-1, 2)
Point: x:-1, y:2
Line: from (-1, 2) to (1, 2)
```

4.3.4 动态对象

在第2章中我们介绍了使用运算符 new 和 delete 进行动态内存分配和回收，这使得我们可以在程序运行时，根据运行状态及用户的需求来动态决定内存的分配时机、大小及回收时机。同样的，我们可以使用 new 和 delete 来动态建立和撤销对象，这样的对象称为动态对象，其一般形式如下：

类名 ＊指针名 = new 类名(初始化参数表)；

delete **指针名；**

使用new运算符的作用是动态生成一个对象，并将此对象在内存中的首地址返回。生成对象时，需要用初始化参数表对其进行初始化。new返回的首地址需要被赋予一个对象指针，当然，这个指针必须是与新建对象属于同一类的指针。delete运算符的作用是撤销其后的指针所指向的对象，但是这个对象必须是使用new运算符动态生成的，否则程序运行时会报错。例如：

```
Point point1(1.0, 2.0);
Point *p;
p = &point1;
p -> draw();
delete p;      //不能使用delete来撤销非new运算符生成的动态对象。
```

程序运行到上述代码的最后一行时会报错。正确的用法是：

```
Point *p;
p = new Point(1.0, 2.0);
p -> draw();
delete p;
```

更多的时候，我们使用动态内存分配的方式来构建动态对象数组，其一般形式是：

类名 ＊指针名 = new 类名[表达式]；

例4.13 动态对象数组的应用。

```
//Point.h
class Point
{
  public:
    Point();
    Point(float xValue, float yValue);
    void draw();
    float getX();
    float getY();
    void setX(float xValue);
    void setY(float yValue);
  private:
    float x,y;
};

//Point.cpp
#include "Point.h"
#include <iostream>
```

```
using namespace std;

Point::Point()
{
    x = 0.0;
    y = 0.0;
}
Point::Point(float xValue, float yValue)
{
    x = xValue;
    y = yValue;
}
void Point::draw()
{
    cout << "Point: x:" << x << ", y:" << y << endl;
}
float Point::getX()
{
    return x;
}
float Point::getY()
{
    return y;
}
void Point::setX(float xValue)
{
    x = xValue;
}
void Point::setY(float yValue)
{
    y = yValue;
}
//Line.h
#include "Point.h"
class Line
{
  public:
    Line();
```

```
    Line(Point p1, Point p2);
    void draw();
    void setPoint(Point p1, Point p2);
  private:
    Point point1, point2;
};
//Line.cpp
#include "Line.h"
#include <iostream>
using namespace std;
Line::Line()
{}
Line::Line(Point p1, Point p2)
{
    point1 = p1;
    point2 = p2;
}
void Line::draw()
{
    cout << "Line: from (" << point1.getX() << "," << point1.getY() << ") to
        (" << point2.getX() << "," << point2.getY() << ")" << endl;
}
void Line::setPoint(Point p1, Point p2)
{
    point1 = p1;
    point2 = p2;
}
//Polygon.h
#include "Line.h"
class Polygon
{
  public:
    Polygon(Point vertex[], int n);
    ~Polygon();
    void draw();
  private:
    int vertexNumber;
    Point *points;
```

```
    Line  * lines;
};
//Polygon.cpp
#include "Polygon.h"
#include <iostream>
using namespace std;
Polygon::Polygon(Point vertex[],int n)
{
    points = new Point[n];
    lines = new Line[n];
    vertexNumber = n;
    for (int i = 0; i < vertexNumber; i ++)
    {
        points[i] = vertex[i];
    }
    for (int i = 0; i < vertexNumber; i ++)
    {
        int j = (i + 1) % vertexNumber;
        lines[i].setPoint(points[i], points[j]);
    }
}
Polygon::~Polygon()
{
    delete [] points;
    delete [] lines;
}
void Polygon::draw()
{
    cout << "Polygon has " << vertexNumber << " vertexes." << endl;
    for (int i = 0; i < vertexNumber; i ++)
    {
        points[i].draw();
        lines[i].draw();
    }
}
//PolygonOperation.cpp
#include "Polygon.h"
#include <iostream>
```

```
using namespace std;

int main()
{
    Point points[4] = { Point(1.0, 2.0), Point(1.0, -2.0),
                        Point(-1.0, -2.0), Point(-1.0, 2.0)};
    Polygon polygon(points, 4);
    polygon.draw();
    return 0;
}
```

例4.13中设计了一个多边形类Polygon,其含有一个Point对象指针points来指向该多边形的顶点元素集，Line对象指针lines来指向边元素集,在构造函数中,使用new运算符动态生成两个对象数组。程序运行后的输出如下：

```
Polygon has 4 vertexes.
Point: x:1, y:2
Line: from (1, 2) to (1, -2)
Point: x:1, y: -2
Line: from (1, -2) to (-1, -2)
Point: x: -1, y: -2
Line: from (-1, -2) to (-1, 2)
Point: x: -1, y:2
Line: from (-1, 2) to (1, 2)
```

需要强调的是:使用new动态生成的对象不会被系统自动回收,即使整个程序运行结束也不会。我们必须使用delete在一个合适的时机对动态对象所占的内存空间进行回收,否则会出现内存溢出的致命错误,一个好的程序书写习惯是当使用new语句后,立即在适当的地方配对使用delete语句。

4.3.5 this指针

C++语言中有一种特殊的指针,它被用来隐含传递到每一个对象的成员函数中(后面将介绍的类静态函数除外),作为这个函数的隐含参数。这个指针就是this指针,它指向了当前被成员函数操作的对象。例如,我们在例4.13中的Point类的getX成员函数只有如下语句:

```
return x;
```

那么系统如何判断将哪一个对象的x成员值返回呢?为了解决这个问题,编译器在编译代码时,已经将this指针隐含传入到了getX函数(如图4.2所示),并且将上述语句改写为了:

```
return this->x;                //我们自己写程序时,也可以这么写,但没有必要
```

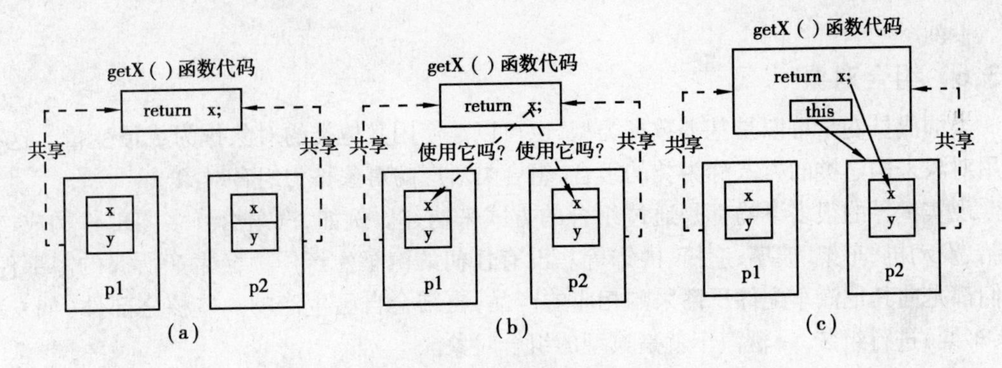

图 4.2　this 指针的作用

如果有语句序列：

```
Point point(1.0, 2.0);
cout << point.getX();
```

系统运行时，调用 point.getX()之前，系统就将 this 指针指向对象 point，那么返回的就是对象 point 的成员变量 x。

this 指针是一个常量指针，一旦被赋值指向某个对象，就不能再改变其值，否则会报编译时错误。可以显示地使用 this 指针来解决同一作用域范围内参数名与成员变量同名的问题。例如，我们在例 4.13 中有 Point 类的构造函数和成员函数如下：

```
Point::Point(float xValue, float yValue)
{
    x = xValue;
    y = yValue;
}
void Point::setX(float xValue)
{
    x = xValue;
}
```

上面两个函数中的参数名都有点别扭，最好的名字就是 x 和 y，但是这个名字却和成员变量同名了，如果函数体中有代码：x = x；那么就会有歧义，系统无法分辨哪个 x 是成员变量，哪个是函数参数。可以通过使用 this 指针来修饰成员变量 x，则上述两个函数可以改为：

```
Point::Point(float x, float y)
{
    this->x = x;
    this->y = y;
}
void Point::setX(float x)
{
    this->x = x;
}
```

4.3.6 组合对象

类的成员变量可以是基本数据类型,也可以是使用其他类的对象作为成员变量。这种使用对象来构建类的方式称为类的组合,组合类对应的对象称为组合对象。

现实世界的很多事物都是通过组合的方式来构建。例如,汽车由许多零部件构成,有轮胎、发动机、车架、玻璃、座椅、内饰等。没有任何的汽车生产厂商会生产所有的零部件,他们都是向其他汽车配件厂商采购相应的产品,再结合自己生产的一些核心部件(如发动机、车架)进行组装,一辆汽车就是典型的组合对象。

创建组合对象时,需要先创建内嵌的成员对象。在创建成员对象的时候,需要在组合类的构造函数中初始化它们那些内嵌的成员对象,这些初始化工作使得组合类的构造函数需要承担更多的工作,下面给出了组合类的构造函数的一般形式:

```
类名::类名(形参表):内嵌对象1(形参表),内嵌对象2(形参表),…
{
    类的初始化
}
```

这里的内嵌对象不仅指代对象成员,也包括了基本类型数据成员,例如有 Point 类的构造函数如下:

```
Point::Point(float x, float y) : x(x), y(y){ }
```

其中的 x(x)表示初始化成员变量的过程,括号外面的 x 表示成员变量名,括号里面的 x 表示构造函数的形式参数 x,它们代表不同的意义,只是在这个例子中同名而已,不会产生歧义。

更多时候,上述一般形式中的内嵌对象指的是非基本数据类型成员,此时需要依次调用内嵌对象的构造函数。例如:Point 类有两个 float 型的成员变量 x, y,Line 类有两个 Point 内嵌成员变量 point1, point2,那么 Line 的构造函数可以写为:

```
Line::Line(float x1, float y1, float x2, float y2) : point1(x1,y1), point2(x2,y2) { }
```

如果 Line 类也接收两个 Point 对象作为构造函数参数,那么可以改为:

```
Line::Line(Point p1, Point p2) : point1(p1), point2(p2) { }
```

此时,使用的是 Point 类的拷贝构造函数来初始化 point1 和 point2 两个成员对象。

如果为组合类定义拷贝构造函数,那么也需要为内嵌对象的拷贝构造函数传递参数,例如:

```
Line::Line(Line &line) : point1(l.point1), point2(l.point2) { }
```

需要注意的是,没有出现在组合类构造函数的初始化列表中的内嵌对象,系统使用默认的构造函数为其进行初始化。但是,如果出现下列两种情况,就必须将内嵌对象放在组合类构造函数的初始化列表中:

①内嵌对象类没有默认的构造函数。用户自定义了带参数的构造函数时,系统就不会自动为其生成无参数的默认构造函数。

②内嵌对象具有引用类型的成员变量。因为引用类型的变量必须在对象初始化时指定它所代表的对象。

对于组合类的构造函数的复杂形式,C ++语言明确地给出了内嵌对象和组合对象各自的构造函数被调用的顺序如下:

①按照内嵌对象在类的定义中出现的先后顺序依次调用其构造函数。这个顺序与内嵌对象出现在组合类构造函数的初始化列表中的顺序无关。

②执行组合对象自身的构造函数体。

下述示例的输出结果说明了这个执行顺序。

例4.14 组合对象与其内嵌对象初始化的顺序。

```
//Point.h
class Point
{
  public:
     Point();
     Point(float x, float y);
     Point(Point &p);
     ~Point();
     void draw();
     float getX();
     float getY();
  private:
     float x,y;
};
//Point.cpp
#include "Point.h"
#include <iostream>
using namespace std;

Point::Point()
{
    cout << "Point(" << x << "," << y << ")'s constructor 1 is called." << endl;
}
Point::Point(float x, float y) : x(x), y(y)
{
    cout << "Point(" << x << "," << y << ")'s constructor 2 is called." << endl;
};
Point::Point(Point &p) : x(p.x), y(p.y)
{
    cout << "Point(" << x << "," << y << ")'s constructor 3 is called." << endl;
}
```

```
Point:: ~Point()
{
    cout << "Point(" << x << "," << y << ")'s destructor is called." << endl;
}
void Point::draw()
{
    cout << "Point: x:" << x << ", y:" << y << endl;
}
float Point::getX()
{
    return x;
}
float Point::getY()
{
    return y;
}
//Line.h
#include "Point.h"

class Line
{
  public:
    Line();
    Line(float x1, float y1, float x2, float y2);
    Line(Point p1, Point p2);
    ~Line();
    void draw();
  private:
    Point point2, point1;
};

//Line.cpp
#include "Line.h"
#include <iostream>
using namespace std;

Line::Line()
{
```

```
    cout << "Line constructor 1 is called." << endl;
}
Line::Line(float x1, float y1, float x2, float y2) : point1(x1,y1), point2(x2,y2)
{
    cout << "Line constructor 2 is called." << endl;
}
Line::Line(Point p1, Point p2) : point1(p1), point2(p2)
{
    cout << "Line constructor 3 is called." << endl;
}
Line::~Line()
{
    cout << "Line: from (" << point1.getX() << "," << point1.getY() << ")
destructor is called." << endl;
}
void Line::draw()
{
    cout << "Line: from (" << point1.getX() << "," << point1.getY() << ") to
    (" << point2.getX() << "," << point2.getY() << ")" << endl;
}
//LineOperation.cpp
#include "line.h"
#include <iostream>
using namespace std;

int main()
{
    Line line1(1.0, 2.0, -1.0, -2.0);
    line1.draw();
    Point p1(3.0, 4.0), p2(-3.0, -4.0);
    Line line2(p1, p2);
    line2.draw();
    return 0;
}
```

程序运行后的输出如下：

```
Point(-1,-2)'s constructor 2 is called.    //执行内嵌对象 point2 的构造函数
Point(1,2)'s constructor 2 is called.      //执行内嵌对象 point1 的构造函数
Line constructor 2 is called.              //执行构造函数体
```

```
Line: from (1, 2) to (-1, -2)              //执行 draw 成员函数
Point(3,4)'s constructor 2 is called.      //执行主函数 p1 的构造函数
Point(-3, -4)'s constructor 2 is called.   //执行主函数 p2 的构造函数
Point(-3, -4)'s constructor 3 is called.   //执行构造函数形参 p2 的构造函数
Point(3,4)'s constructor 3 is called.      //执行构造函数形参 p1 的构造函数
Point(-3, -4)'s constructor 3 is called.   //执行内嵌对象 point2 的构造函数
Point(3,4)'s constructor 3 is called.      //执行内嵌对象 point1 的构造函数
Line constructor 3 is called.              //执行构造函数体
Point(3,4)'s destructor is called.         //执行构造函数形参 p1 的析构函数
Point(-3, -4)'s destructor is called.      //执行构造函数形参 p2 的析构函数
Line: from (3, 4) to (-3, -4)              //执行 draw 成员函数
Line: from (3, 4) destructor is called.    //执行析构函数
Point(3,4)'s destructor is called.         //执行内嵌对象 point1 的析构函数
Point(-3, -4)'s destructor is called.      //执行内嵌对象 point2 的析构函数
Point(-3, -4)'s destructor is called.      //执行主函数 p2 的析构函数
Point(3,4)'s destructor is called.         //执行主函数 p1 的析构函数
Line: from (1, 2) destructor is called.    //执行 line1 的析构函数
Point(1,2)'s destructor is called.         //执行内嵌对象 point1 的析构函数
Point(-1, -2)'s destructor is called.      //执行内嵌对象 point2 的析构函数
```

程序输出结果中的第 1 行和第 2 行,以及第 9 行和第 10 行充分说明了内嵌对象构造函数的执行顺序只与其出现在类定义中的先后顺序有关。另外,第 7 行和第 8 行说明了在进行函数调用时的参数传递时,是按照参数表的从右往左顺序依次赋值的。

组合对象与其内嵌对象的析构函数调用顺序完全与构造函数调用顺序相反。上述例子中的输出同样证明了这一点。

4.4 类的静态成员

某类事物还有一些属性,是不属于某个对象的,而是属于整个类,它代表了所有对象共同拥有的属性,这种属性称为类属性。例如:全人类的人口总数,它是一个关于全体人类的数据,并不属于某一个人,它表示了人类的所有对象(人)的数量,它不是每个人的属性,而是代表了整个人类具有的属性。

C ++ 语言使用类的静态数据成员来表述类属性,同时,还提供静态成员函数的方式来维护静态数据成员。

4.4.1 类的静态数据成员

C ++ 语言使用关键字 static 来修饰静态数据成员,其一般形式为:

```
class 类名
{
```

```
    …
    static 数据类型 成员名;
}
```

由 static 修饰的静态数据成员(又称为类属性),在内存中只存在一个,且不属于任何一个对象,不会因为新的对象新建而赋值为多个,该类的所有对象共享这一个数据成员。所以访问静态数据成员时不能使用对象加上“.”的方式,而是要使用“类名::成员名”的方式。例如:设计 Point 类中具有一个计数器 counter,用来记录目前被实例化的 Point 对象的个数,它就是一个静态数据成员,所有的 Point 对象共享这个数据。那么 Point 的类中应该添加:

```
class Point
{
    …
    private:
    static int counter;
    …
}
```

使用 Point::counter 的引用方式来访问这个静态数据成员。

类本身并不占据内存空间,只有当它被实例化生成对象时。对于类的静态数据成员,C ++ 语言使用定义类似于定义全局变量的方式,在类定义之外使用“数据类型名 类名::静态数据成员名”的方式进行定义性申明,以此方式专门为其分配内存空间,同时可以在这个时机对其进行初始化。例如:int Point::counter = 0; 使用这种方式时,不用考虑静态数据成员的访问控制类别,即使是私有成员,也能在类外进行再声明和初始化。

静态类成员的生存期贯穿于整个程序的执行期,与该类对象的生存期无关。当程序开始执行时它就存在,一直到该程序执行结束。

例 4.15 使用静态数据成员来存储 Point 类的对象个数。

```
//Point.h
class Point
{
  public:
    Point(float x, float y);
    void draw();
    void showCounter();
  private:
    float x,y;
    static int counter;
};

//Point.cpp
```

```
#include "Point.h"
#include <iostream>
using namespace std;

Point::Point(float x, float y)
{
    this->x = x;
    this->y = y;
    counter++;
};
void Point::draw()
{
    cout << "Point: x:" << x << ", y:" << y << endl;
}
void Point::showCounter()
{
    cout << "The sum of Points is " << counter << endl;
}

//PointOperation.cpp
#include "Point.h"

int Point::counter=0;

int main()
{
    Point p1(1.0, 2.0);
    p1.draw();
    p1.showCounter();
    Point p2(-1.0, -2.0);
    p2.draw();
    p2.showCounter();
    Point p3(3.0, 4.0);
    p3.draw();
    p3.showCounter();
    return 0;
}
```

程序运行后的输出如下:

```
Point: x:1, y:2
The sum of Points is 1
Point: x: -1, y: -2
The sum of Points is 2
Point: x:3, y:4
The sum of Points is 3
```

4.4.2 类的静态成员函数

如例4.15那样去使用counter看起来有些别扭,既然counter不属于某个对象,需要输出counter值时,却要调用某个对象的showCounter方法。从设计的角度讲,这样的方式是不合适的,它没有体现出类属性是某个类的属性的特点。然而,从语法上来讲,由于counter是私有成员,我们无法直接通过"类名::成员"的方式来访问,而只能使用成员函数来访问,但是成员函数又是通过对象来访问的。那么,如果能够不通过对象来访问成员函数,而通过类名直接来访问,就可以解决这种比较别扭的使用形式。

C++语言提供静态成员函数的方式来操作静态数据成员。这种函数可以看做是这个类的函数,其运行结果与某个对象的属性值无关。从设计的角度来看,静态成员函数最好只操作(访问或赋值)静态数据成员。虽然从语法上来看,它依然可以以接受某个对象参数的方式来操作某个对象的数据成员,但强烈建议大家不要这样做。

使用静态成员函数的语法要求是在成员函数前面加上static,例如:

```
class Point
{
    …
    static void showCounter();
}
```

访问静态成员函数时,通过"类名:: 静态成员函数名()"的方式。

例4.16 使用静态成员函数来操作静态数据成员。

```
//Point.h
class Point
{
  public:
    Point(float x, float y);
    void draw();
    static void showCounter();
  private:
    float x,y;
    static int counter;
};
```

```
//Point.cpp
#include "Point.h"
#include <iostream>
using namespace std;

Point::Point(float x, float y)
{
    this->x = x;
    this->y = y;
    counter++;
};
void Point::draw()
{
    cout << "Point: x:" << x << ", y:" << y << endl;
}
void Point::showCounter()
{
    cout << "The sum of Points is " << counter << endl;
}

//PointOperation.cpp
#include "Point.h"

int Point::counter = 0;

int main()
{
    Point p1(1.0, 2.0);
    p1.draw();
    Point::showCounter();
    Point p2(-1.0, -2.0);
    p2.draw();
    Point::showCounter();
    Point p3(3.0, 4.0);
    p3.draw();
    Point::showCounter();
    return 0;
}
```

程序运行后的输出如下：

```
Point: x:1, y:2
The sum of Points is 1
Point: x: -1, y: -2
The sum of Points is 2
Point: x:3, y:4
The sum of Points is 3
```

4.5 友　元

依照封装的原则,设计类时应尽可能多地将实现细节隐藏在内部,尽可能少地将成员暴露给外部。所以,设计时尽量把实现外部接口所需的数据成员设定为私有(private)或保护(protected)。在某些情况下,若希望将私有成员或保护成员暴露给某些特定的函数或类,使他们能够拥有特别的访问权限来操作私有数据成员。为此,C ++ 语言提供了友元的方式使得私有成员或保护成员能够被特定的外部程序访问。这些外部程序可分为两类:友元函数和友元类。

4.5.1 友元函数

被允许访问类内部的私有或保护成员的函数被称为友元函数,它可以是其他类的成员函数,也可以是一个普通的函数。友元函数内部可以通过对象来访问类的私有或保护成员。C ++ 语言使用关键字 friend 来定义友元函数,例如,类 A 的某些私有或保护成员希望能够被外部的一个普通函数 f 所访问,那么在定义类 A 时,应该使用 friend 来声明这个友元函数,含有友元函数的类定义形式如下所示:

```
class A
{
  public:
    …
    friend void f(A a);          //声明函数 f 是类 A 的友元(函数)
  private:
    int x,y;
};
void f(A a)                      //f 函数的定义
{
  cout << a.x << "," << a.y;
}
```

例 4.17　使用友元函数方式来计算两点之间的距离。

```
//Point.h
class Point
```

```
{
   public:
     Point(float x, float y);
     void draw();
     friend float getDistance(Point p1, Point p2);
   private:
     float x,y;
};

//Point.cpp
#include "Point.h"
#include <iostream>
using namespace std;

Point::Point(float x, float y)
{
     this->x = x;
     this->y = y;
};
void Point::draw()
{
     cout << "Point: x:" << x << ", y:" << y << endl;
}

//PointOperation.cpp
#include "Point.h"
#include <iostream>
using namespace std;

float getDistance(Point p1, Point p2)
{
     return sqrt(pow(p1.x - p2.x,2) + pow(p1.y - p2.y,2));
}

int main()
{
     Point p1(1.0, 2.0), p2(-1.0, -2.0);
     p1.draw();
```

```
    p2.draw();
    cout << getDistance(p1, p2) << endl;
    return 0;
}
```

程序运行后的输出如下：

```
    Point: x:1, y:2
    Point: x: -1, y: -2
    4.47214
```

4.5.2 友元类

与友元函数类似,可以定义一个类为另一个类的友元类。友元类中的所有成员函数都可以访问另一个类中的私有或保护成员,声明友元类依然使用 friend 关键字。

例 4.18　将 Line 类设置为 Point 类的友元,使其能够访问 Point 类的私有成员。

```
//Point.h
class Point
{
  public:
    Point();
    Point(float x, float y);
    void draw();
    friend class Line;              //声明类 Line 为 Point 类的友元类
  private:
    float x,y;
};

//Point.cpp
#include "Point.h"
#include <iostream>
using namespace std;

Point::Point()
{
    x = 0.0;
    y = 0.0;
}
Point::Point(float x, float y)
{
    this->x = x;
```

```
        this -> y = y;
};
void Point::draw()
{
        cout << "Point: x:" << x << ", y:" << y << endl;
}

//Line.h
#include "Point.h"

class Line
{
    public:
        Line(Point p1, Point p2);
        void draw();
        float getLength();
    private:
        Point point2, point1;
};

//Line.cpp
#include "Line.h"
#include <iostream>
using namespace std;

Line::Line(Point p1, Point p2)
{
        point1 = p1;
        point2 = p2;
}
float Line::getLength()
{
        return sqrt(pow(point1.x - point2.x, 2) + pow(point1.y - point2.y, 2));
}
void Line::draw()
{
        cout << "Line: from (" << point1.x << "," << point1.y << ") to
        (" << point2.x << "," << point2.y << ")" << endl;
```

```
}

//LineOperation.cpp
#include "Line.h"
#include <iostream>
using namespace std;

int main()
{
    Point p1(1.0, 2.0), p2(-1.0, -2.0);
    Line line1(p1, p2);
    line1.draw();
    cout << "Length: " << line1.getLength() << endl;
    return 0;
}
```

程序运行后的输出如下：

```
Line: from (1, 2) to (-1, -2)
Length: 4.47214
```

关于友元类的使用,需要注意下列几点：

①友元类关系是单向的。在前面的例子中,Line 是 Point 的友元,Line 就可以访问 Point 的私有成员 x 和 y,但反过来是不成立的,Point 类不能访问 Line 类的私有成员。

②友元关系是不能传递的。B 类是 A 类的友元类,C 类是 B 类的友元类,C 类不能访问 A 类的私有成员。

③友元关系是不能继承的。B 类是 A 类的友元类,C 类是 B 类的子类,C 类不能访问 A 类的私有成员。

上述三点也可以总结为一句话:只有在 A 类中显示地说明了 B 类是其友元类,B 类才能访问 A 类的私有成员,其他任何形式都不能。

4.6 常对象和常成员

当我们自己一个人设计并实现一个不大的程序时,很多事情是简单而且可控的。程序中的类、数据成员和成员函数的含义是什么？应该在什么时机改写数据成员的值？成员函数能不能修改数据成员的值？这些问题对于一个简单的问题解决方案而言都是比较清楚的,程序设计者心里对这些问题有清楚的答案,并且可以容易地运用在程序设计和实现中。当程序达到一定的复杂程度时,往往不是一个人能够完成的,而需要一个团队来进行开发,有人负责类的设计 ,有人负责类的外部接口的实现,有人负责来使用这些类实现某个功能。那么,类的设计者如何保证自己设计的类能够被正确地实现？类的设计者和实现者如何保证类被正确地使用？这就要求必须使用语法规范来对类的实现和使用加以限定,从而保障类的内部逻辑不受到破坏。比如,不希望某些数据成员被类的使用者访问,就从语法上规定它们是私有的(private),如果使用者直接访问,就会报语法错误。

在设计类的功能时,有时候希望某些对象具有特定含义,一旦创建后就不能被修改;也希望类的某些数据成员一旦被初始化后就不能被赋值,只能取值;还希望某些成员函数不能够修改对象的数据成员,也就是不能够修改对象的属性状态。在 C ++ 语言中,分别使用常对象、常数据成员和常成员函数来满足这些程序设计需要。

4.6.1 常对象

常对象就是一旦被创建,其数据成员就不能被修改的对象。数据成员的初值只能在整个对象被初始化时指定。声明常对象的一般形式如下:

const **类名 对象名;**

例如,我们希望生成一个代表坐标原点的对象,不希望在后续的程序中改变坐标值,那么我们可以如此申明:const Point origin(0.0, 0.0);。

也可以使用这种方法来声明基本数据类型的常变量(没错,就叫常变量),它的值必须在声明时用初始化的方式指定,一旦赋值后,就不能被修改。例如:

```
const int n = 10;      //定义常变量 n,并赋初值。
n = 20;                //错误,不能对其赋值。
```

要从语法上保证常对象的数据成员不被修改,必须控制访问数据成员的两个途径:直接修改数据成员和通过成员函数进行修改。对于直接修改数据成员的方式,语法上比较容易办到,C ++ 语言规定常对象的数据成员都被看做常变量。但是由于成员函数的功能是可以很复杂的,甚至需要在运行时才能知道是否会修改数据成员,所以 C ++ 采取比较严格的方式加以限制,即常对象不能访问普通成员函数,而只能访问常函数。

4.6.2 常数据成员

使用 const 定义的常变量作为类的数据成员时,称为常数据成员。常数据成员的值只能通过所在类的构造函数中的初始化列表进行初始化,除此之外,不能够对其赋值。例 4.19说明了这种情况。

例 4.19 只能通过构造函数的初始化列表为常数据成员赋初值。

```
//Point.h
class Point
{
  public:
    Point();
    Point(float x, float y);
    void draw();
  private:
    float x,y;
    const float xOrigin, yOrigin;
```

```
};

//Point.cpp
#include "Point.h"
#include <iostream>
using namespace std;

Point::Point():xOrigin(0.0),yOrigin(0.0)
{
    x = 0.0;
    y = 0.0;
}
Point::Point(float x, float y) : xOrigin(0.0), yOrigin(0.0)
{
    this->x = x;
    this->y = y;
};
void Point::draw()
{
    cout << "Point: x:" << x << ", y:" << y << endl;
}

//PointOperation.cpp
#include "Point.h"
#include <iostream>
using namespace std;

int main()
{
    Point p1(1.0, 2.0), p2(-1.0, -2.0);
    p1.draw();
    p2.draw();
}
```

程序运行后的输出如下：

```
Point: x:1, y:2
Point: x: -1, y: -2
```

4.6.3 常成员函数

将 const 关键字写在成员函数申明的后面可以限定该成员函数是常成员函数,一般形式如下:

返回类型 函数名(参数表) const;

写在类外的成员函数定义部分也要将 const 关键字包含进来。无论是否是通过常对象调用常成员函数,实际运行时,C ++ 程序都将此对象视为常对象。所以,常成员函数可以访问但不能修改普通数据成员;但不能调用普通成员函数,而只能调用常成员函数。这样就保证了使用常成员函数不会修改对象的属性状态,也同样保证了使用常对象不能修改其属性状态。

同一类下同名的常成员函数与普通成员函数可以同时存在,它们被视为重载函数的两个版本。

例 4.20 使用常成员函数访问常数据成员。

```
//Point.h
class Point
{
  public:
    Point();
    Point(float x, float y);
    void draw();
    void drawOrigin() const;
  private:
    float x,y;
    const float xOrigin, yOrigin;
};

//Point.cpp
#include "Point.h"
#include <iostream>
using namespace std;

Point::Point():xOrigin(0.0),yOrigin(0.0)
{
    x = 0.0;
    y = 0.0;
}
Point::Point(float x, float y) : xOrigin(0.0), yOrigin(0.0)
{
```

```
        this -> x = x;
        this -> y = y;
    };
    void Point::draw()
    {
        cout << "Point: x:" << x << ", y:" << y << endl;
    }
    void Point::drawOrigin() const
    {
        cout << "Point: xOrigin:" << xOrigin << ", yOrigin:" << yOrigin << endl;
    }

    //PointOperation.cpp
    #include "Point.h"
    #include <iostream>
    using namespace std;

    int main()
    {
        Point p1(1.0, 2.0);
        p1.draw();
        p1.drawOrigin();            //普通对象可以访问常成员函数
        const Point p2(-1.0, -2.0);
        //p2.draw();                //常对象不能访问普通成员函数,编译器报错
        p2.drawOrigin();
        return 0;
    }
```

程序运行后的输出如下:

```
Point: x:1, y:2
Point: xOrigin:0, yOrigin:0
Point: xOrigin:0, yOrigin:0
```

习 题

一、单项选择题

1. 下列关于类的定义中正确的是(　　)。

A. class C { int a,b;}　　B. class C { int a; int b;}

C. class C {int a = 10; int b;};　　D. class C {int a; int b;};

2. 下列关于类的定义说法中不正确的是(　　)。

A. 默认情况下，类的数据成员是私有的

B. 默认情况下，类的成员函数是公有的

C. 类是用户自定义的一种数据类型

D. 只有类的成员函数中的代码可以访问类的私有成员

3. 有如下类的定义：

```
class A {};
class B
{
    int a;
    A b;
    B c;
    A d[3];
};
```

其中定义错误的成员变量是(　　)。

A. a　　　　B. b　　　　C. c　　　　D. d

4. 下列关于类和对象定义与内存分配的说法中，正确的是(　　)。

A. 类一旦被定义，系统就会为其开辟内存，所有的对象就共享使用这段内存

B. 对象一旦被申明，系统就会为其开辟内存，单个对象拥有各自独立的成员数据和成员函数代码所占内存空间

C. 对象一旦被申明，系统就会为其开辟内存，单个对象只拥有各自独立的成员函数代码所占内存空间，所有的对象共享成员数据所占内存空间

D. 对象一旦被申明，系统就会为其开辟内存，单个对象只拥有各自独立的成员数据所占内存空间，所有的对象共享成员函数代码所占内存空间

5. 下面代码执行结束后的输出是(　　)。

```
#include <iostream>
using namespace std;
class Point{
  private:
    double x,y;
  public:
    void init(double xValue,double yValue){x = xValue + 1;y = yValue - 1;
};
void main(){
    Point p;
    p.init(10,5);
    cout << p.x << "," << p.y << endl;
}
```

A. 10,5　　　　B. 11,4

C. 9,6　　　　D. 编译错误，程序不能运行

6. 下列语句中，能够正确定义一个对象引用的是(　　)。

A. Point p(1,2); Point &r; r = p;

B. Point p(1,2); Point &r = p;

C. Point &r = p(1,2);

D. Point &r; Point p(1,2); r = p;

7. 下列语句中,能够正确初始化一个对象数据的是(　　)。

A. Point arr[3] = (Pont(1,2),Point(3,4),Point(5,6));

B. Point arr[3] = {(1,2), (3,4), (5,6)};

C. Point arr[] = {Point(1,2),Point(3,4),Point(5,6)};

D. Point arr[3] = {Point(1,2);Point(3,4);Point(5,6)};

8. 有类的定义如下:

```
class A{
    private: int x,y;
    public: A(int m,int n){x = m;y = n;}
};
Class B{
    private: int z; A a;
    public: B(int m);
};
```

下列(　　)是正确的B类构造函数实现代码。

A. B::B(int m) : a(m), z(m){ }

B. B::B(int m) : a(),z() { }

C. B::B(int m) : a(m,m), z(m){ }

D. B::B(int m) : a = (m,m), z = m { }

9. 类A的定义代码如下:

```
class A{
  public:
    A(int i){this -> i = i;}
    setI(int i){this -> i = i;}
  private:
    int i;
};
```

下列代码中,(　　)能够正确申明类A的常对象,并给i成员赋初值。

A. const A a; a. setI(1);

B. const A a(1);

C. A a const; a. setI(1);

D. A a(1) const;

10. 下列程序代码运行后的输出是(　　)。

```
#include <iostream>
using namespace std;
class A{
  private:
      int x;
      const int y;
  public:
      A(int x, int y) :y(y){ this -> x  = x; }
```

```
        void show(){ cout << x << "," << y << endl; }
};

void main(){
        A a(1, 2);
        a.show();
}
```

A. 1,2　　B. 2,1　　C. 1,0　　D. 1,(随机数)

二、程序设计

1. 设计一个处理圆柱体的类 Column,类中包含:
   ①私有数据成员 r(圆柱体底面半径);
   ②私有数据成员 h(圆柱体高);
   ③构造函数(为私有数据成员赋值);
   ④函数成员 getArea(用于计算圆柱体表面积);
   ⑤函数成员 getCubage(用于计算圆柱体体积)。
   设计主函数中对类 Column 进行测试,测试时输入圆柱体的底面半径和高,输出圆柱体的表面积和体积。
2. 定义一个员工类 Employee,类中包括私有的数据成员:员工编号,员工姓名,员工部门,员工年龄;包括公有成员函数:构造函数,拷贝构造函数,析构函数,输出员工信息函数。具体要求如下:
   ①类中数据成员:员工姓名,员工部门用(字符)指针形式定义;
   ②测试用主函数中至少使用3种不同方法创建3个对象;
   ③调用一般构造函数;
   ④调用拷贝构造函数;
   ⑤使用 new 运算符申请对象空间(使用指针操作)。
3. 定义两个类 Point 和 Triangle 代表点和三角形。要求:
   ①Point 类有两个 double 成员,分别代表了 x,y 坐标,且有构造函数。
   ②Triangle 类中有三个 Point 成员,分别代表三个顶点,且有构造函数。
   ③在 main 函数中定义一个 Triangle 对象,并求得 Triangle 对象的面积。要求除了 main 函数之外,所有的函数都只能定义为成员函数。
   提示:Point 中可以定义成员函数求两个点之间的距离。实现时使用 sqrt(double)求平方根。Triangle 类中定义成员函数求面积,使用海伦公式 s = sqrt(s * (s - a) * (s - b) * (s - c)),其中,s 是周长的一半。
4. 设计鸭子类 Duck,有私有成员变量:nickName 表示昵称,footQuantity 表示脚的数目,weight 表示体重。另外有公有成员函数:string getNickName()用于得到昵称;int getFootQuantity()用于得到脚的数目;double getWeight()用于得到体重。另外根据需要设计构造函数和其他成员函数。
   请考虑是否应该把上述哪些成员变量和成员函数设计为静态成员。请用 main 函数生成3个 Duck 对象,并输出它们的昵称、脚的数目和体重。

5. 设计并实现 Point 类与 Rectangle 类表示坐标系中的点和矩形。要求:

①Point 类具有 x,y 两个成员变量表示坐标值,除了构造函数之外没有其他成员函数。

②Rectangle 有 4 个 Point 类的成员对象,表示 4 个顶点。除了构造函数之外,还有 double getArea( )成员函数来得到矩形的面积。

③在 main 函数中生成一个 Rectangle 对象,并输出其面积。

提示:可以申明 Rectangle 为 Point 类的友元类,以使得 Rectangle 的成员函数可以访问 Point 的私有成员变量。

④要求类的头文件(h 文件)和实现文件(cpp 文件)分开,main 函数单独在一个头文件中。

6. 设计一个 MyString 类模拟 C ++ 自带的 string 类,其中包含存放字符的字符数组、构造函数、析构函数、求字符串长度的 getLength( )成员方法。构造函数的参数是一个指向字符的指针,代表了初始化的字符串。使用 main 函数测试对象的定义,getLength( )成员方法的调用。

提示:使用动态内存分配为该类开辟存放内容的字符数组。构造函数中开辟,析构函数中回收。可以使用 C 语言标准库函数:拷贝 strcpy(char * ,char *),求长度 strlen (char *)。

第5章

继承与派生

现实世界事物还有一种类和类之间的关系:某一类代表了相对比较泛化的事物,而另一类代表了和上述类相关联,但却比较特殊一点的类,如哺乳动物类和灵长动物类之间的关系。哺乳动物类代表着胎生、用母乳喂养幼崽的一大类动物,而灵长类动物都是哺乳动物,具有哺乳动物的所有特点,但是它们是比较特殊的哺乳动物,它们具有发达的大脑,眼眶朝前方,手和脚的趾(指)分开等特点。再如汽车和小轿车之间的关系。汽车代表着一种能够靠发动机运转,消耗燃料推动着轮子前进的机器,而小汽车也是汽车,它是汽车的一种,具有所有汽车应该具备的属性和方法,但是它又是一种特殊的汽车,有着自己特别的地方。小汽车体型较短小,乘坐舒适,主要用于人数较少情况下的乘客运输。

为了更好地描述这些普遍存在的事物之间的联系,C ++ 语言使用继承与派生的概念来描述这种类与类之间泛化和特殊的关系。哺乳动物类和汽车类可以作为基类(或称父类),灵长动物类和小汽车类作为基类的派生类。我们可以为基类定义某些属性(数据成员)和方法(成员函数),派生类在具有基类的所有外部接口方法的基础上,也可以定义自己特有的方法,甚至可以根据自身特点改写从基类继承而来的方法。这样设计的好处有两点:一是使得程序设计的思想更加接近于现实世界事物,二是可以对大量的代码进行重用,以提高开发效率。

5.1 继承与派生的概念

继承和派生是人们对现实世界事物进行分类的一种很自然的思维方式,将事物按照一般与泛化的关系进行层次上的归纳。例如,我们为了研究动物,把各类动物的继承关系按照如图 5.1 所示的分层结构加以描述。

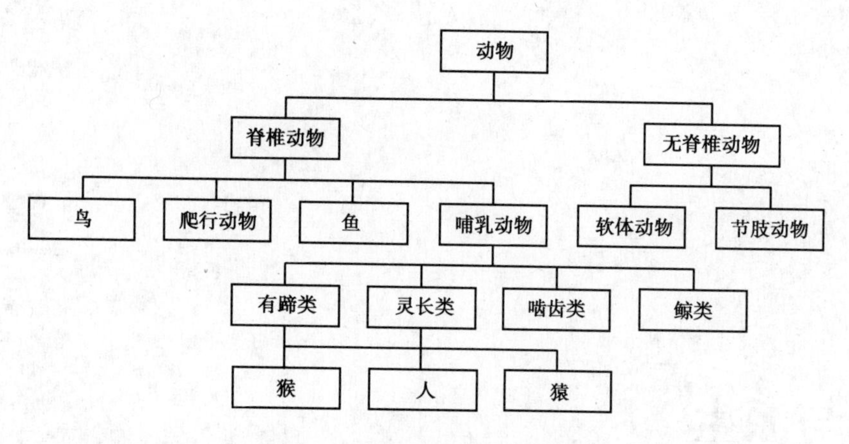

图5.1 动物的继承层次关系

5.1.1 继承的概念

继承是指新的类从已有的类中获取属性和方法的过程，这其中已有的类称为父类（基类），新形成的类称为子类（派生类）。子类通过继承的方式获得父类已有的数据成员和成员函数，同时，子类也可以有自己的数据成员和成员函数。

基类也允许有基类，被追溯多层次的基类统称为祖先类。派生类也允许有自己的派生类，被追溯多层次的派生类统称为子孙类。相邻两个层次的类之间的继承关系可以称为直接继承，相隔多个层次的类之间的继承关系可以称为间接继承。C ++ 语言中，定义派生类时指定继承和派生的关系，其一般形式如下：

```
class 派生类名:继承方式 基类名1, 继承方式 基类名2, …, 继承方式 基类名n
{
  派生成员申明;
};
```

例如，有类 Derived 是从基类 Base1 和 Base2 派生而来的，那么 Derived 类的定义如下：

```
class Derived : public Base1, private Base2
{
  public:
    Derived();
    ~Derived();
};
```

如果一个派生类只有一个基类，那么这种继承方式成为单继承；如果一个派生类有多个基类，那么这种继承方式成为多继承。通过多继承来的派生类拥有所有基类的属性和方法。在继承时，我们必须指定继承方式，可用的方式公有三个：公有继承 public，私有继承 private，保护继承 protected。使用不同方式继承而来的派生类所具有的基类属性和方法是不同的，详细情况将在5.2节中介绍。

例5.1 给出三角形、等腰三角形、等边三角形三个类之间的继承定义。

```
#include "Point.h"
```

```
class Triangle
{
  public:
    Triangle();
    ~Triangle();
    float getEdgeLength1();
    float getEdgeLength2();
    float getEdgeLength3();
    float getAngle1();
    float getAngle2();
    float getAngle3();
    float getArea();
    void draw();
  private:
    Point point1,point2,point3;
};
class IsoscelesTriangle: public Triangle
{
  public:
    IsoscelesTriangle();
    ~ IsoscelesTriangle();
    float getIsosceles();
    float getArea();
    void draw();
  private:
    float isoscelesEdgeLength;
    float isoscelesEdgeAngle;
};
class EquilateralTriangle: public IsoscelesTriangle
{
  public:
    EquilateralTriangle();
    ~ EquilateralTriangle();
    float getEdge();
    float getArea();
    void draw();
    private:
    float edgeLength;
```

```
};
```

例子中的IsoscelesTriangle(等腰三角形)类是从Triangle(三角形)类中继承出来的,Triangle是基类,IsoscelesTriangle是派生类,IsoscelesTriangle具有基类的所有成员,同时也具有自己的成员。EquilateralTirangle(等边三角形)类是从IsoscelesTriangle类中继承出来的,IsoscelesTriangle是基类,EquilateralTirangle是派生类,它拥有其他两个类所有的数据成员和成员函数。

5.1.2 派生类的实现

C++语言在生成派生类时,需要从三步来进行。第一步是吸收基类的成员,使其成为派生类的成员。如例5.1所示,Triangle类的3个数据成员point1,point2和point3代表了三角形的3个顶点,IsoscelesTriangle也是三角形,也需要这3个顶点作为数据成员。另外,Triangle类的所有成员函数(排除构造函数和析构函数)也成为IsoscelesTriangle的成员函数。第二步是改造基类的成员函数。如上述例子中的getArea成员函数在两次继承的过程中都被改造了。getArea成员函数的用途是求三角形的面积,在不同类的三角形中具有不同的方法,越特殊的形状具有越简单的方法,反之就越复杂。在Triangle类使用公式$\frac{1}{2}ab\sin C$求面积,IsoscelesTriangle类中可以使用$\frac{1}{2}\alpha^2\sin C$,而EquilateralTriangle类则使用$\frac{\sqrt{3}}{4}\alpha^2$。最后一步是需要生成派生类自己的成员。如在上例中,IsoscelesTriangle有自己的数据成员isoscelesEdgeLength和isoscelesEdgeAngle,EquilateralTirangle类也有自己的数据成员edgeLength。当然,它们也可以拥有自己的成员函数,IsoscelesTriangle类有getIsosceles()方法,EquilateralTirangle类有getEdge()方法。

无论是改造基类的成员函数,还是派生类新增自己的成员函数,都有可能使得派生类具有和基类同名的函数,这时,基类的同名函数会被隐藏起来。上述例子中的draw和getArea两个函数就是这种情况。通过派生类的对象来访问draw或getArea时,只能访问派生类的同名函数,而不能访问基类的。而且,派生类的同名函数会隐藏基类所有的同名重载函数。

基类的同名函数在派生类对象中只是被隐藏,而并非不存在,可以通过类名和作用域分辨符::来显示指定调用基类的同名函数。例如:

```
EquilateralTriangle et;
et.draw();                          //调用派生类的draw函数
et.IsoscelesTriangle::draw();       //调用基类的draw函数
et.Triangle::draw();                //调用间接基类的draw函数
```

例5.2 派生类隐藏基类同名函数应用举例。

```
//FunctionHidden.cpp
#include <iostream>
using namespace std;
```

```
class Base
{
  public:
    void show()
    {
        cout << "In show Base" << endl;
    }
};
class Derived : public Base
{
  public:
    void show()
    {
        cout << "In show Derived" << endl;
    }
};

int main()
{
    Derived derived;
    derived.show();
    derived.Base::show();
    return 0;
}
```

程序运行后的输出如下：

```
In show Derived
In show Base
```

由于使用的是没有实际含义的类，且逻辑简单，上例中就没有使用分文件的方式来定义和实现类，而且将构造函数写在类的内部。

如果在基类和派生类中存在名称相同但参数个数或参数类型不同的同名函数，基类的同名函数也会被隐藏，而不会发生函数重载。函数重载只会发生在相同作用域范围内，而基类的成员和派生类成员属于不同的作用域范围。

5.1.3 继承与组合

继承并不是事物类之间的唯一关系，如果 A 类的对象是组成 B 类的构成部分，那么也可以说 B 类是在 A 类的基础之上构建的，这种关系不是继承，而是组合。例如，轮胎和汽车的关系就是组合关系，轮胎是组成汽车的零部件，轮胎和其他零部件一起组成了汽车，汽车拥有多个轮子。B 类的成员函数可以访问 A 类对象的公有成员，使用它来帮助 B 类实现功能,这个过程也重复使用了 A 类的功能,提高了代码的重用率。

组合表示的是"有一个"(has a)的关系,是部分与整体的关系;而继承表示的是"是一个"(is a)的关系,是一般和特殊的关系。例如,Triangle 类中有 3 个 Point 对象作为数据成员,那么可以说 Triangle 有 3 个 Point 对象;IsoscelesTriangle 是由 Triangle 类派生而来,那么可以说 IsoscelesTriangle 是一个 Triangle,等腰三角形当然是三角形。组合关系中,数据成员对象的私有成员和保护成员被完全隐藏,不会对外部开放,只有公有的成员才可能被组合类访问;而在继承关系中,基类的私有成员依然无法被派生类成员函数访问,但是保护成员和公有成员是可以被派生类成员函数访问的。

5.2 继承的方式

生成派生类的一个步骤就是派生类吸收基类的成员(构造函数和析构函数例外),使其成为自己的成员,对于这些成员在派生类中的访问控制属性,C ++ 语言允许根据实际情况指定三种继承的方式,来控制基类成员在派生类中的访问控制属性。这种控制主要来自两个方面:一是控制派生类中新增成员函数访问基类成员;二是控制派生类的对象访问基类的成员。

5.2.1 公有继承

使用公有继承来生成派生类时,基类的私有成员在派生类中不可访问,基类的公有成员和保护成员在派生类中依然以公有成员和保护成员的方式存在。也就是说,在公有继承的机制下,派生类中改造或新增的成员函数不能访问基类的私有成员,而只能访问基类的公有和保护成员;派生类的对象不能访问基类的私有和保护成员,但可以访问基类的公有成员。

例 5.3 公有继承方式应用举例。

```
//PublicInherit.cpp
#include <iostream>
using namespace std;

class Base
{
  public:
    void show1()
    {
        cout << "In show Base" << endl;
    }
  protected:
    void draw1()
    {
```

```
            cout << "In draw Base" << endl;
        }
    private:
        int i;
};
class Derived: public Base
{
    public:
        void show2()
        {
            //i = 1;              //此行非法,不能访问基类的私有成员
            cout << "In show Derived" << endl;
        }
    protected:
        void draw2()
        {
            draw1();              //访问来自于基类的保护成员
            cout << "In draw Derived" << endl;
        }
};

int main()
{
    Derived derived;
    derived.show2();              //访问 Derived 对象新增的公有成员函数
    //derived.draw2();            //非法,不能访问 Derived 对象新增的保护成员函数
    derived.show1();              //访问 Derived 对象的公有成员函数,它来自于基类
    //derived.draw1();            //非法,不能访问 Derived 对象的保护成员函数,它来自
                                    于基类
}
```

程序运行后的输出如下:

```
In show Derived
In show Base
```

5.2.2 私有继承

使用私有继承来生成派生类时,基类的私有成员在派生类中不可访问,基类的公有成员和保护成员在派生类中以私有成员的方式存在。在私有继承的机制下,派生类中新增的成员函数不能访问基类的私有成员,而只能访问公有和保护的成员;派生类的对象不能访

问基类的任何成员。

例5.4 私有继承方式应用举例。

```
//PrivateInherit.cpp
#include <iostream>
using namespace std;

class Base
{
  public:
    void show1()
    {
        cout << "In show Base" << endl;
    }
  protected:
    void draw1()
    {
        cout << "In draw Base" << endl;
    }
  private:
    int i;
};
class Derived: private Base
{
  public:
    void show2()
    {
        //i = 1;              //此行非法,不能访问基类的私有成员
        cout << "In show Derived" << endl;
    }
  protected:
    void draw2()
    {
        draw1();              //访问来自于基类的保护成员
        cout << "In draw Derived" << endl;
    }
};

int main()
```

```
{
    Derived derived;
    derived.show2();          //访问 Derived 对象新增的公有成员函数
    //derived.draw2();        //非法,不能访问 Derived 对象新增的保护成员函数
    //derived.show1();        //非法,不能访问 Derived 对象的私有成员函数,它来
                                自于基类
    //derived.draw1();        //非法,不能访问 Derived 对象的私有成员函数,它来
                                自于基类
}
```

程序运行后的输出如下:

```
In show Derived
```

本例与例5.3不同的地方有两处:

①Derived 类使用的是私有继承,使用 private 关键字代替了 public。

②main 函数 derived.show1()变为非法,因为 show1 在派生类 Derived 中是私有成员函数,不能通过对象访问它。

5.2.3 保护继承

使用保护继承来生成派生类时,基类的私有成员在派生类中不可访问,基类的公有成员和保护成员在派生类中以保护成员的方式存在。在保护继承机制下,派生类中新增的成员函数不能访问基类的私有成员,而只能访问公有和保护的成员;派生类的对象也不能访问基类的任何成员,只有派生类的派生类才能访问基类的公有和保护成员。

总体上,关于继承方式对访问控制的影响可以总结如下:无论使用了何种继承方式,类的私有成员是外部类不能访问的,即使在派生类中也不行;无论使用了何种继承方式,派生类的成员函数都可以访问基类的保护和公有成员;派生类的对象只能访问通过公有继承而来的基类公有成员;如果希望保护成员只能被同一簇的类访问时,需要用保护继承。

例5.5 保护继承的应用举例。

```
//ProtectedInherit.cpp
#include <iostream>
using namespace std;

class Base1
{
  public:
    void show1()
    {
        cout << "In show Base1" << endl;
    }
  protected:
```

```
    void draw1()
    {
        cout << "In draw Base1" << endl;
    }
  private:
    int i;
};
class Base2: protected Base1
{
  public:
    void show2()
    {
        //i = 1;                    //此行非法,不能访问基类的私有成员
        show1();                    //访问保护成员,它来自基类
        cout << "In show Base2" << endl;
    }
  protected:
    void draw2()
    {
        cout << "In draw Base2" << endl;
    }
};
class Derived: public Base2
{
  public:
    void show3()
    {
        cout << "In show Derived" << endl;
    }
  protected:
    void draw3()
    {
        draw1();                    //访问保护成员,它来自基类,而基类又是通过
                                      保护方式继承自它的基类
        cout << "In draw Derived" << endl;
    }
};
```

```
int main()
{
    Base2 base2;
    base2.show2();            //访问 Base2 对象新增的公有成员函数;
    //base2.draw2();          //非法,不能访问 Base2 对象新增的保护成员函数
    //base2.show1();          //非法,不能访问 Base2 对象的保护成员函数,它来自于
                                基类
    //base2.draw1();          //非法,不能访问 Base2 对象的保护成员函数,它来自于
                                基类
    Derived derived;
    derived.show3();          //访问 Derived 对象新增的公有成员函数
    //derived.draw3();        //非法,不能访问 Derived 对象新增的保护成员函数
    derived.show2();          //访问 Derived 对象的公有成员函数,它来自于基类
    //derived.draw2();        //非法,不能访问 Derived 对象的保护成员函数,它来自
                                于基类
    //derived.show1();        //非法,不能访问 Derived 对象的保护成员函数,它来自
                                于基类
    //derived.draw1();        //非法,不能访问 Derived 对象的保护成员函数,它来自
                                于基类
}
```

上面程序中,多引入了一个中间基类 Base2,其目的是为了说明它通过保护继承而得到的基类中的 show1 和 draw1 成员为保护成员。Base2 的派生类 Derived 可以在自己的成员函数中访问这两个保护成员,在 draw3 中访问了 draw1 就说明了这一点。程序运行后的输入如下:

```
In show Base1
In show Base2
In show Derived
In show Base1
In show Base2
```

5.3 派生类的构造和析构

构造函数一般被用来初始化类的数据成员或申请系统资源,析构函数则用来撤销系统资源或记录运行轨迹。派生类虽然能够使用基类的公有或保护成员,但它也能新增自己的数据成员,也可以根据自身需要申请系统资源。所以派生类不会继承基类的构造函数和析构函数,而是需要自己重新定义它们。当然,如果不显示地定义,系统会为其指定默认的构造函数和析构函数。

派生类的构造函数只负责自身的数据成员初始化工作,基类的初始化工作仍然要依靠

基类自身的构造函数来完成,而基类构造函数的调用需要在派生类的构造函数中进行。对应的析构函数也是一样的道理。

5.3.1 派生类构造函数的定义

由于涉及调用多个基类的构造函数,以及初始化多个成员对象,派生类的构造函数的一般形式如下:

```
派生类名 :: 派生类名(参数表) : 基类名1(参数表), …,
        基类名n(参数表), 成员对象名1(参数表), …, 成员对象名m(参数表)
    {
        //派生类构造函数的其他初始化操作;
    }
```

与成员对象的初始化一样,基类的构造函数调用也需要在派生类的构造函数头部进行显示地调用。如果使用默认构造函数来初始化基类时,可以免去这样的显示调用。如果不需要为数据成员赋初值,也不需要为类功能的实现申请系统资源,同时也不需要显示调用基类的构造函数,那么也不必定义派生类的构造函数。但是,如果基类没有默认的构造函数,只能通过带参数的构造函数为其进行初始化,那么就必须定义派生类的构造函数,并在函数头部显示地调用基类的构造函数,否则没有办法初始化基类。

派生类构造函数被执行时,涉及基类构造函数、成员对象构造函数、派生类构造函数3个方面,它们的执行顺序为:

①按照派生类申明时指定的基类顺序,依次执行基类的构造函数(也就是和构造函数头部的基类构造函数调用顺序无关)。

②按照派生类新增成员对象的申明顺序,依次调用成员对象的构造函数。

③执行派生类自身的构造函数体。

例5.6 派生类、基类和成员对象的构造函数调用顺序举例。

```
//DerivedContructor.cpp
#include <iostream>
using namespace std;

class Base1
{
  public:
    Base1(int i)
    {
        cout << "In constructor Base1, i = " << i << endl;
    }
};
class Base2
{
```

```
public:
    Base2(int i)
    {
        cout << "In constructor Base2, i = " << i << endl;
    }
};
class Derived: public Base2, public Base1
{
  public:
    Derived(int a, int b, int c, int d): Base1(a), base2(b), Base2(c), base1(d)
    {
        cout << "In constructor Derived" << endl;
    }
  private:
    Base1 base1;
    Base2 base2;
};

int main()
{
    Derived derived1(1, 2, 3, 4);
    return 0;
}
```

程序运行后的输出如下：

```
In constructor Base2, i =3
In constructor Base1, i =1
In constructor Base1, i =4
In constructor Base2, i =2
In constructor Derived
```

5.3.2 派生类析构函数的定义

派生类的析构函数和普通类的析构函数语法要求是一致的，不需要负责调用基类的析构函数，只需要在析构函数中清理派生对象新增的数据成员或释放新申请的系统资源，系统会自动调用基类的析构函数和成员对象的析构函数进行相应的清理工作。派生类、基类及成员对象的析构函数调用顺序正好和构造函数的调用顺序相反，下面的示例说明了派生类析构函数的执行过程。

例5.7 派生类、基类和成员对象的析构函数调用顺序举例。

```
//DerivedDestructor.cpp
```

```
#include <iostream>
using namespace std;

class Base1
{
  public:
    Base1(int i)
    {
        cout << "In constructor Base1, i = " << i << endl;
    }
    ~Base1()
    {
        cout << "In destructor Base1" << endl;
    }
};
class Base2
{
  public:
    Base2(int i)
    {
        cout << "In constructor Base2, i = " << i << endl;
    }
    ~Base2()
    {
        cout << "In destructor Base2" << endl;
    }
};
class Derived: public Base2, public Base1
{
  public:
    Derived(int a, int b, int c, int d) : Base1(a), base2(b), Base2(c), base1(d)
    {
        cout << "In constructor Derived" << endl;
    }
    ~Derived()
    {
        cout << "In destructor Derived" << endl;
    }
  private:
```

```
    Base1 base1;
    Base2 base2;
};

int main()
{
    Derived derived1(1, 2, 3, 4);
    return 0;
}
```

上面程序是对例5.5程序的改进,为每个类都加上了一个析构函数,并在析构函数中输出一句话来模拟被调用。从输出的顺序可以看出,析构函数的调用顺序完全是和构造函数相反的。程序运行后的输出如下:

```
In constructor Base2, i = 3
In constructor Base1, i = 1
In constructor Base1, i = 4
In constructor Base2, i = 2
In constructor Derived
In destructor Derived
In destructor Base2
In destructor Base1
In destructor Base1
In destructor Base2
```

5.3.3 类型兼容问题

使用公共继承方式时,基类的所有公有成员和保护成员都能在派生类中依然保留为公有成员和保护成员,所以派生类完全具备了基类的对外属性和行为。在任何在需要基类对象的地方,都可以用公有派生类的对象去替代,这就是类型兼容规则。也就是说,派生类的类型兼容基类。需要用派生类替代基类的情况有以下三类情况:

①将派生类对象以赋值的方式隐式转换为基类对象。例如:

```
Base1 b1;
Derived d1;
b1 = d1;
```

在赋值符右面,d1首先被隐式转换为基类Base1的对象,然后再将该对象的所有数据成员依次赋值给b1对象。

②将派生类的对象赋值给基类对象的引用。

```
Base1 &b = d1;
```

b是基类对象的引用,d1是派生类对象,b被d1初始化。如果基类有拷贝构造函数Base1(Base1 &b1){},那么在定义派生类的拷贝函数时,也需要将派生类对象作为参数来调用基类的拷贝函数,Derived(Derived d):Base1(d){}。这种情况也是将派生类的对象赋值给基类对象的引用。

③让基类指针指向派生类的对象。

```
Base1 *bPtr;
Derived d;
bPtr=&d;
```

基类指针既能指向基类,又能指向派生类。

基于类型兼容规则的存在,我们可以为具有同一祖先的多个类设计同一个函数,而不必为这些类分别设计功能相同而参数类型不同的重载函数。使用基类的对象、引用或指针作为该函数的形式参数,无论实际参数是基类对象还是子孙类对象,都可以使用类型兼容的规则传递给形式参数。当然,在函数内部,只能调用基类对象具有的成员。

例 5.8 类型兼容的应用举例。

```
//TypeCompatibility.cpp
#include <iostream>
using namespace std;

class Base
{
  public:
    void show()
    {
        cout << "In show Base" << endl;
    }
};
class Derived : public Base
{
  public:
    void show()
    {
        cout << "In show Derived" << endl;
    }
};
void showDelivery(Base b)
{
    b.show();
}
void showDelivery(Base *b)
{
    b->show();
```

```
}

int main()
{
    Derived derived;
    derived.show();
    Base &b = derived;
    b.show();
    showDelivery(derived);
    showDelivery(&derived);
    return 0;
}
```

程序中只有 derived. show()语句调用的是派生类 derived 的成员函数 show,其余的调用语句最终都落实到基类的成员函数 show。程序运行后的输出如下：

```
In show Derived
In show Base
In show Base
In show Base
```

5.4 虚基类

5.4.1 多重继承的二义性问题

多重继承是指派生类从两个以上的基类继承而来,每个基类中的成员都会出现在子类中。如果两个以上的基类中都存在同名的成员函数,而且子类并没有重写这个成员函数,那么当通过子类的对象去访问这个成员函数时,系统应该调用从哪一个基类继承而来的成员函数呢？这就是多重继承所产生的二义性问题。下面的例 5.9 就展示了这个问题。

例 5.9 多重继承带来的二义性举例。

```
//AmbiguityProblem.cpp
#include <iostream>
using namespace std;

class Base1
{
  public:
    void show()
    {
        cout << "Base1 show is called." << endl;
    }
```

```
};
class Base2
{
  public:
    void show()
    {
        cout << "Base2 show is called." << endl;
    }
};
class Derived: public Base1, public Base2{ };

int main()
{
    Derived d;
    d.show();      //此行会引起编译报错
    return 0;
}
```

在例 5.9 程序编译时,代码行 d.show();报错:error C2385: ambiguous access of 'show'。这个错误正是由多重继承的二义性引起的。

程序中可以使用作用域限定符"::"来明确地指定要调用的 show 函数来自于哪一个基类,例如可以将 d.show()这行代码改为下列代码中的任意一行:

```
d.Base1::show();  //指定调用继承自基类 Base1 的 show 成员函数
d.Base2::show();  //指定调用继承自基类 Base2 的 show 成员函数
```

但若派生类的多个基类具有共同的祖先类,那么又会出现怎样的问题呢?例如派生类 Derived 有两个(多余两个的情况类似)直接基类 Base1 和 Base2,而 Base1 和 Base2 有共同的基类 Base0,它们之间都是公有派生。Base0 中具有成员变量 n 和成员函数 show。4 个类之间的关系如图 5.2 所示。

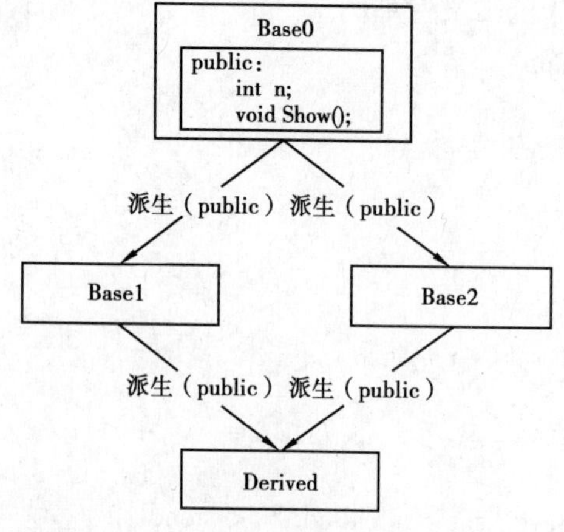

图 5.2　多个基类拥有共同的祖先类

如果 Base1 和 Base2 都没有重新定义与 Base0 同名的成员变量 n 和成员函数 show,那么 Base0 的 n 和 show 会出现在 Base1 和 Base2 中。如果 Derived 类也没有重新定义成员变量 n 和成员函数 show,那么来自基类 Base1 和 Base2 的 n 和 show 同样都出现在 Derived 类中,那么当 Derived 对象调用 n 和 show 函数时,会调用从 Base1 继承而来的成员?还是从 Base2 继承而来的成员?这显然也是二义性问题,仍然可以使用作用域限定符"::"来解决这个问题。但是,不能限定使用 Base0 的成员,因为 Derived 类的直接基类只有 Base1 和 Base2,系统依然无法判断是使用从 Base1 继承而来的 Base0 成员,还是从 Base2 继承而来的 Base0 成员。要解决二义性,只能明确指定使用哪一个直接基类的成员,如下所示:

```
Derived d;
d.show();               //具有二义性
cout << d.Base0::n;     //具有二义性
d.Base0::show();        //具有二义性
cout << d.Base0::n;     //具有二义性
d.Base1::show();        //正确
cout << d.Base1::n;     //正确
d.Base2::show();        //正确
cout << d.Base2::n;     //正确
```

例5.10 多重继承的基类来自同一祖先基类应用举例。

```
//MultiBaseClass.cpp
#include <iostream>
using namespace std;

class Base0
{
  public:
    int n;
    Base0() { n = 0;}
    void show()
    {
        cout << "In show Base0" << endl;
    }
};
class Base1: public Base0{};
class Base2: public Base0{};
class Derived: public Base1, public Base2{ };

int main()
{
```

```
    Derived derived;
    cout << derived.n << endl;           //编译报错
    derived.show();                      //编译报错
    cout << derived.Base1::n << endl;
    cout << derived.Base2::n << endl;
    derived.Base1::show();
    derived.Base2::show();
    return 0;
}
```

在上面程序的 main 函数中,derived.n 和 derived.show()语句是无法通过编译的,因为编译器无法知道到底是要调用 Base1 具有的成员,还是 Base2 的成员。这种二义性情况的本质问题是,Base0 的成员在 Base1、Base2 和 Derived 中都存在独立的副本。对于成员变量 n,这是必需的。但是对于 show 函数,却增加了内存的开销。另外,虽然使用 derived.Base1::show()或 derived.Base2::show()的方式可以调用 derived 对象继承而来的 show 函数,但是这不是最好的形式,它对 Derived 类具备 show 成员函数的事实表述不清,最好的方式仍然是 derived.show()。程序运行后的输出如下:

```
0
0
In show Base0
In show Base0
```

C++语言提供虚基类的方式来对应上面的情况,使得 Derived 类中只有一份 show 函数的副本,从根本上避免了二义性的问题。

5.4.2 虚基类的定义

将多个类的共同基类设置为虚基类,在这些类的后续派生过程中,系统在内存中维护唯一一份虚基类的成员函数代码,而不是为每个派生类都复制一份副本。声明虚基类的一般形式如下:

class **派生类名** : virtual **继承方式 基类名**

例 5.11 虚基类使用举例。

```
//VirtualBaseClass.cpp
#include <iostream>
using namespace std;

class Base0
{
  public:
    int n;
    Base0() { n = 0; }
```

```
    void show()
    {
        cout << "In show Base0" << endl;
    }
};
class Base1: virtual public Base0{};
class Base2: virtual public Base0{};
class Derived: public Base1, public Base2{ };

int main()
{
    Derived derived;
    cout << derived.n << endl;
    derived.show();
    cout << derived.Base1::n << endl;
    cout << derived.Base2::n << endl;
    derived.Base1::show();
    derived.Base2::show();
    return 0;
}
```

程序运行后的输出如下：

```
0
In show Base0
0
0
In show Base0
In show Base0
```

使用虚基类后，依然可以使用 derived.Base1::show()和 derived.Base2::show()的方式来调用这个唯一的函数副本。但是最好的方式是使用 derived.show()，因为只有这种形式才准确地表达了调用 derived 对象的 show 成员函数这个操作。

5.4.3 虚基类的构造和析构

如果虚基类定义了带参数的构造函数，系统就不会为其自动生成不带参数的默认构造函数。那么，虚基类的直接或间接派生类就必须自定义构造函数，并使用派生类的构造函数参数来调用虚基类的构造函数。

例 5.12 虚基类的构造函数应用举例。

```
//VirtualBaseClassConstructor.cpp
#include <iostream>
```

```
using namespace std;

class Base0
{
  public:
    Base0(int i)
    {
        cout << "In constructor Base0, i = " << i << endl;
    }
    void show()
    {
        cout << "In show Base0" << endl;
    }
};
class Base1 : virtual public Base0
{
  public:
    Base1(int i) :Base0(i)
    {
        cout << "In constructor Base1, i = " << i << endl;
    }
};
class Base2 : virtual public Base0
{
  public:
    Base2(int i) :Base0(i)
    {
        cout << "In constructor Base2, i = " << i << endl;
    }
};
class Derived: public Base1, public Base2
{
  public:
    Derived(int i, int j, int k):Base0(i),Base1(j),Base2(k)
    {
        cout << "In constructor Derived, i = " << i << endl;
    }
};
```

```
int main()
{
    Derived derived(1,2,3);
    derived.show();
    return 0;
}
```

程序运行后的输出如下：

```
In constructor Base0, i = 1
In constructor Base1, i = 2
In constructor Base2, i = 3
In constructor Derived, i = 1
In show Base0
```

需要强调的是，虚基类(Base0)没有默认构造函数时，其直接(Base1 和 Base2)或间接(Derived)类都必须在构造函数中显示地调用虚基类的构造函数。在这种情况下，虽然只定义了一个派生类对象 derived，但 Base0 会不会被初始化三次呢？答案是否定的，编译系统会针对虚基类的这种情况只调用最远派生类 Derived 构造函数中对 Base0 的构造函数调用，而自动忽略 Base1 和 Base2 构造函数中对 Base0 的构造函数调用，使得虚基类的初始化只会发生一次，上例中的输出也说明了这一点。

由于析构函数没有参数，也没有返回类型，一个类不会存在多个析构函数，所以虚基类的析构函数和普通类相似。虚基类、直接派生类和间接派生类的析构函数调用顺序完全与它们的构造函数调用顺序相反。

习　题

一、单项选择题

1. 下列代码中(　　)能够正确地定义 Derived 类从 Base 类中继承。

   A. class Derived:Base {…}　　　B. class Derived:public Base {…}

   C. class Base:Derived {…}　　　D. class Base:public Derived {…}

2. 下列关于派生类在生成时所经历的三个阶段的描述中，错误的是(　　)。

   A. 派生类可以定义与基类同名的成员函数，如果参数不一样，那么可以和基类的成员函数一起成为重载函数

   B. 派生类首先应该吸收从基类继承而来的成员变量和成员函数

   C. 派生类可以根据自己的需要，重写基类的成员函数

   D. 派生类也可以有自己特有的成员变量和成员函数

3. 如果类 A 是类 B 的基类，两个类中都有同名的成员函数 fun，下列(　　)能够正确调用到 A 类的成员函数 fun。

   A. B *b; b->fun();　　　B. B b; B &br = b; br.fun();

C. B b; b. A::fun();　　　　D. B b; b. fun();

4. 下面(　　)项能够正确地定义类 A 以私有方式从 B 类继承。

A. private class A : B{…}　　　　B. class private A : B{…}

C. class A : private B{…}　　　　D. class public A : B{…}

5. 类 A 从类 B 派生而来,下面(　　)可以在类 A 的构造函数中调用基类 B 的构造函数。

A. class A : public B {public: A(int i){B(i)};}

B. class A : public B {public: A(int i):B(i){};}

C. class A : public B {public: A(int i):B(int i){};}

D. class A : public B {public: A(int i){B(int i)};}

6. 派生类构造函数被执行时,涉及基类、成员对象以及自己的构建,它们三者的构造函数调用顺序依次是(　　)。

A. 基类构造函数、成员对象构造函数、派生类构造函数

B. 基类构造函数、派生类构造函数、成员对象构造函数

C. 成员对象构造函数、基类构造函数、派生类构造函数

D. 成员对象构造函数、派生类构造函数、基类构造函数

7. 当使用派生类对象代替基类对象时,下列(　　)项是错误的。

A. 将派生类对象赋值给基类对象

B. 将派生类对象赋值给基类引用

C. 将派生类对象的地址赋值给基类指针

D. 将派生类对象的地址赋值给基类引用

8. 下面(　　)情况下,会产生二义性问题。

A. 在多重继承而来的派生类中,重写了两个以上基类共有的同名函数

B. 在多重继承而来的派生类中,没有重写两个以上基类共有的同名函数

C. 在单继承而来的派生类中,重写了基类具有的同名函数

D. 在单继承而来的派生类中,没有重写基类具有的同名函数

9. 类 A 使用虚基类的方式,从类 B 派生而来。下面(　　)准确定义了这种继承方式。

A. virtual class B{}; virtual class A : public B {};

B. virtual class B{}; class A : virtual public B {};

C. class B{}; class A : virtual public B {};

D. virtual class B{}; class A : public B {};

10. 类 A 使用虚基类的方式,从类 B 派生而来。下面(　　)准确定义了这种继承方式。

A. virtual class B{}; virtual class A : public B {};

B. virtual class B{}; class A : virtual public B {};

C. class B{}; class A : virtual public B {};

D. virtual class B{}; class A : public B {};

二、程序设计

1. 设计一个小学生类 Pupil,具有两个属性 Chinese、Math 分别表示所学习的语文和数学两门课程的分数;设计另一个类 Junior 表示初中生,它从 Pupil 继承而来,新增三个属性

English、Chemistry、Physics 分表表示所学习的英语、化学、物理三门课程的分数;再设计一个 Senior 表示高中生,它从 Junior 类继承而来,新增一个属性 Computer 表示所学习的计算机课程分数。上述每个类都有恰当的构造函数和成员变量访问方法。使用 main 函数新建这三个类的实例,并输出每个对象的所有属性值。

2. 创建基类 Rectangle 表示矩形及其子类 Square 表示正方形。要求:
①Rectangle 中有两个成员变量来存放长和宽,有公共接口 double getArea()得到面积。
②Square 中有一个成员变量来存放边长,除了继承自父类的公共接口之外,还有公共接口 double getEdge()得到边长。
③两个类还有恰当的自定义构造函数。
④在 main 函数中分别申明两个类的对象,并输出它们的面积和 Square 对象的边长。
⑤要求将类的定义放到头文件(h 文件)中,将类的实现放到实现文件(cpp 文件)中,main 函数单独放到一个 cpp 文件中。

3. 定义一个日期类 Date,包含年、月、日三个成员函数,具有恰当的构造函数,同时具有一个输出函数 show,用以显示形如:2016/01/22 的日期数据;另定义一个时间类 Time,包含时、分、秒三个成员函数,具有恰当的构造函数,同时具有一个输出函数 show,用以显示形如:09:22:31 的时间数据;再定义一个带时间的日期类 DateWithTime,它从 Date 和 Time 继承而来,具有恰当的构造函数,同时具有一个输出函数 show,用以显示形如:2016/01/22 09:22:31 的日期时间数据。

4. 分别定义 Student(学生)类和 Leader(干部)类,采用多重继承方式由这两个类派生出新类 StudentLeader(学生会干部)。要求:
①Student 类包含的保护成员变量有:学号、姓名、年龄、性别、学院、专业、班级,公有成员函数有:打印出自己的个人信息。
②Leader 类包含的保护成员变量有:姓名、职位、学院,公有成员函数有:打印出自己的个人信息。
③StudentLeader 类没有新定义的成员变量,但有公有成员函数:打印自己的个人信息(包含继承而来的所有基类成员变量信息)。
④Student 类和 Leader 类中相同含义的成员变量使用相同的变量名,在 StudentLeader 类中使用作用域限定符来引用这些同名的标识符。
⑤三个类都没有构造函数,可另行设计初始化函数来进行数据的初始化。
⑥在 main 函数中申明 StudentLeader 类的对象,并打印出该对象的详细信息。
⑦字符串可以存放在一个预设置足够大的字符数组中。

5. 圆是特殊的椭圆,可以看做是长轴和短轴相等的椭圆。设计一个椭圆类 Ellipse,具有两个私有成员变量 a,b 分别表示长轴和短轴的长度,还具有计算面积的成员函数 getArea()。设计一个圆类 Circle,从 Ellipse 继承而来,具有一个私有成员变量 r 表示半径。它重写了 getArea 方法,并具有计算周长的成员函数 getPerimeter()。以上两个类都具有恰当的构造函数和成员变量访问函数。具有两个全局函数来输出两个类的面积和周长,其原型分别为:

```
void displayArea(Ellipse *e);
```

void displayPerimeter(Circle *c);

在 main 函数中实例化 Ellipse 和 Circle 的对象,使用上述两个函数来输出每个对象的面积和周长(只限 Circle 对象)。在 Ellipse 类和 Circle 类的 getArea 方法中各输出一个标记,观察是哪一个方法被调用。采用合适的方法,使得 displayArea 函数能够调用 Circle 对象重写的 getArea 方法,而不是继承而来的版本。

6. 设计一个汽车类 Vehicle,包含的数据成员有车轮个数 wheels 和车重 weight。设计一个小车类 Car,它是 vehicle 的派生类,其中包含准载人数 passengerLimit 和实载人数 passengers。设计一个卡车类 Truck,它也是 vehicle 的派生类,其中包含准载重量 loadLimit 和实载重量 load。

以上三个类都应该有恰当的构造函数和数据访问函数。全局函数 checkCar 用于检查小车是否超员,输出检查结果,其原型为: void checkCar(Car car);。全局函数 checkTruck 用于检查卡车是否超载,输出检查结果,其原型为: void checkTruck(Truck truck)。全局函数 countWheel 用于输出所有车辆的轮胎数量,其原型为: void checkWheel(Vehicle vehicle)。

在 main 函数中生成 Car 和 Truck 的对象,并分别调用三个全局函数。

第6章

多态性

6.1 多态性基本概念

面向对象程序设计中,多态性是指在对象中传递的同一消息会使不同的对象做出不同的行为。消息是指成员函数的调用,行为是指成员函数所实现的功能。

C ++ 语言支持的多态特征又分为4类:重载多态、强制多态、包含多态和参数多态。

重载多态包括了在之前介绍的函数重载和运算符重载。函数重载是指具有相同函数名,但返回类型或参数表不同的多个函数版本。虽然它们的函数名称是相同的,但C ++ 语言将“函数名 + 返回类型 + 参数表”作为一个函数的调用的唯一标识符,所以是没有二义性的。运算符重载的本质也是函数重载,但从表现形式上看,运算符重载是针对 C ++ 语言允许的某些运算符(例如: + 、- 、* 、/、% 等针对基本数据类型的运算符),扩展其适用的数据类型,使得自定义的一些对象也能使用这些符号进行类似的运算。例如,我们自定义一个 Complex 类表示复数,如果我们也希望这个类的对象也能使用 + 、- 符号实现复数的加减运算,那么我们就可以重载这两个运算符,使其具备正确运算 Complex 类的能力。

强制多态是指在函数调用或者赋值操作时,将一个变量或对象强制转换为另一种类型,使得该函数调用或赋值操作能够适用于更多类型兼容的变量或对象。

包含多态是指同一类簇不同类中包含有多个同名成员函数,针对同一种调用方式,不同类对象可以提供出不同的成员函数调用过程。包含多态在 C ++ 语言中是使用虚函数来实现的。

参数多态是指在函数或类的定义过程中,将类型参数化,使得在定义函数或类时不需要指定所操作的数据类型,而是将可能变化的数据类型作为参数,在函数被调用或类被实例化时才指定所操作的数据类型。C ++ 语言是通过函数模板和类模板来实现参数重载的。

本章中主要介绍重载多态中的运算符重载和包含重载。

6.2 运算符重载

C ++语言自身支持的运算符可以操作的数据类型是固定的，例如，+（加法）运算符只能对整型、浮点型、字符型数据进行操作；%（取模）运算符只能对整型、字符型进行操作等。如果这些运算符能够对自定义对象进行操作，就会给程序设计带来很多的便利。例如，在开发矩阵运算的软件系统时，需要设计一个矩阵类（Matrix）来表示矩阵的数据和操作，同时我们也需要实现对矩阵的加、减、乘、点乘等算术运算。两个 Matrix 对象直接使用“+”符号进行加法运算，要比设计一个 add 函数来实现相同功能更加直观易懂，且更具意义。

C ++语言支持运算符的重载，使得运算符能够在保留原有功能的情况下，增加对自定义对象的操作，按照自定义的操作规则得到结果。

6.2.1 C ++语言的运算符重载机制和重载规则

运算符的重载从本质上来看仍然是函数重载，编译器会将使用运算符的表达式翻译成函数调用，并根据运算的数据类型作为重载函数的参数数据类型，依次决定调用重载函数的哪一个版本，并将函数调用结果作为运算表达式的结果。运算符重载应该遵循如下规则：

①只能重载 C ++语言中已经存在的运算符。由于类属关系运算符“.”、成员指针运算符“.*”、作用域分辨符“::”和三目运算符“?:”等运算符用于保障了 C ++语言最核心的面向对象程序设计功能，所以不能被重载。

②运算符的优先级和结合性原则不会因重载而改变。也就是说，无论运算符的操作数据是什么类型，其优先级和结合性都不变。

③一般情况下，重载的运算符操作功能应该与运算符原有的功能类似，比如重载“+”运算应该依然保证其为加法运算，而不能将其重载为减法运算。重载后的操作数个数不能改变，并至少要有一个操作数是自定义的类型。

运算符重载为非成员函数的一般形式如下：

```
返回类型 operator 运算符(形参表)
{
    函数体
}
```

返回类型表明了运算表达式的数据类型，operator 是表示操作符重载的关键字，形参表中给出参与运算的操作对象引用。

例 6.1 矩阵类的 + 运算符重载（为了简化操作，假设矩阵元素都是整型数据）。

```
//Matrix.h
class Matrix
{
  public:
```

```
        Matrix(int m,int n);
        Matrix(int m, int n, int *init);
        Matrix(Matrix &mat);
        ~Matrix();
        int getRows();
        int getCols();
        int getElement(int i, int j);
        void setElement(int i, int j, int element);
        void show();
    private:
        void init(int m, int n);
        int m, n;
        int **ptr;
};

//Matrix.cpp
#include "Matrix.h"
#include <iostream>
#include <iomanip>
using namespace std;

int Matrix::getRows()
{
    return m;
}
int Matrix::getCols()
{
    return n;
}
int Matrix::getElement(int i, int j)
{
    return ptr[i][j];
}
void Matrix::setElement(int i, int j, int element)
{
    ptr[i][j] = element;
}
```

```
void Matrix::init(int m, int n)
{
    this->m = m;
    this->n = n;
    ptr = new int *[m];
    for (int i = 0; i < m; i++)
        ptr[i] = new int[n];
}
Matrix::Matrix(int m,int n)
{
    init(m, n);
}
Matrix::Matrix(int m, int n,int *initData)
{
    init(m, n);
    for (int i = 0; i < m; i++)
        for (int j = 0; j < n; j++)
            ptr[i][j] =*(initData + n*i +j);
}
Matrix::Matrix(Matrix &mat)
{
    init(mat.getRows(),mat.getCols());
    for (int i = 0; i < m; i++)
        for (int j = 0; j < n; j++)
            ptr[i][j] = mat.getElement(i, j);
}
Matrix::~Matrix()
{
    for (int i = 0; i < m; i++)
        delete ptr[i];
    delete ptr;
}
void Matrix::show()
{
  cout << "Matrix: "  << m << " * " << n << endl;
  for (int i = 0; i < m; i++){
      for (int j = 0; j < n; j++)
         cout << setw(3) << ptr[i][j];
```

```
        cout << endl;
    }
}

//MatrixOperation.cpp
#include "Matrix.h"
#include <cassert>
#include <iostream>
using namespace std;

Matrix operator + (Matrix &m1, Matrix &m2)
{
    assert(m1.getRows() == m2.getRows() && m1.getCols() == m2.getCols());
    Matrix matrix(m1.getRows(), m1.getCols());
    for (int i = 0; i < matrix.getRows(); i ++)
        for (int j = 0; j < matrix.getCols(); j ++)
            matrix.setElement(i,j,m1.getElement(i, j) + m2.getElement(i, j));
    return matrix;
}

int main()
{
    int a[3][4] = { { 1, 2, 3, 4 }, { 5, 6, 7, 8 }, { 9, 10, 11, 12 } };
    int b[3][4] = { { 13, 14, 15, 16 }, { 17, 18, 19, 20 }, { 21, 22, 23, 24 } };
    Matrix m1(3, 4, *a);
    Matrix m2(3, 4, *b);
    m1.show();
    cout << endl;
    m2.show();
    cout << endl;
    (m1 + m2).show();
    return 0;
}
```

上面程序中,Matrix 类中的 ptr 成员是一个二级指针,用来指向动态开辟的元素存放区域。init 初始化函数中,先使用 ptr = new int *[m]开辟一个 m 个元素的动态指针数组,让 ptr 存放这个数组的首地址,指针数组的每个元素用来存放矩阵每一行数据的首地址。然后使用 ptr[i] = new int[n]依次为这个指针数组的每个元素赋初值为动态开辟的整型数组首地址,那么就可以使用 ptr 遍历矩阵的每个元素(如图 6.1 所示)。初始化矩阵元素时,将实参的二维数组(a 或 b)转换为一维地址(*a 或 *b),并将其传入构造函数后,又将一维地址表示的数据通过 *(initData + n*i + j)方式逐一还原为二维数据元素。

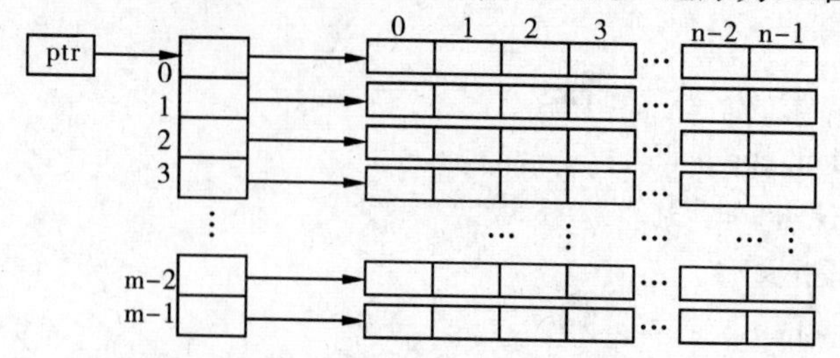

图 6.1 动态开辟内存空间形成二位数组

由于使用了动态内存分配来存放矩阵元素,我们还定义了具有深度拷贝的拷贝构造函数,同时在析构函数中释放了动态分配的内存空间。

在 MatrixOperation.cpp 中,我们重载了"+"运算符,它完成的功能是进行矩阵的加法运算,也就是将相同大小的矩阵进行逐一元素的加法运算,其运算结果也是一个矩阵类型。为了保证参与运算的两个矩阵的大小相同,我们在重载函数的开始就使用 assert 进行"断言",该操作在运行时判断其中指定的参数是否为 true,如果为 true 就什么都不做,程序继续往下执行,如果为 false,那么程序终止,并给出出错原因。assert 操作只适用于调试模式(debug),而在发行模式(release)下不起任何作用。程序运行后的输出如下:

```
Matrix: 3 * 4
  1  2  3  4
  5  6  7  8
  9 10 11 12

Matrix: 3 * 4
 13 14 15 16
 17 18 19 20
 21 22 23 24

Matrix: 3 * 4
 14 16 18 20
 22 24 26 28
 30 32 34 36
```

6.2.2 重载为类的成员函数

矩阵的加法操作可以认为是对矩阵类内部数据的操作,按照封装的设计原则可以将其作为成员函数封装在类的内部。

C++语言允许将运算符重载为成员函数。每个成员函数都有一个隐含的 this 指针,这个指针指向的就是当前正在操作的对象，而这个对象肯定是运算符所需的一个操作对象，那么二目运算符的重载函数就只需要再传入1个操作对象，单目运算符的重载函数就不需要参数了。

例6.2 将矩阵类的“+”运算符重载为成员函数。

```
//Matrix.h
class Matrix
{
  public:
      Matrix(int m,int n);
      Matrix(int m, int n, int *init);
      Matrix(Matrix &mat);
      ~Matrix();
      int getRows();
      int getCols();
      int getElement(int i, int j);
      void setElement(int i, int j, int element);
      void show();
      Matrix operator +(Matrix &m);
  private:
      void init(int m, int n);
      int m, n;
      int **ptr;
};

//Matrix.cpp
#include "Matrix.h"
#include <iostream>
#include <iomanip>
#include <cassert>
using namespace std;

int Matrix::getRows()
{
      return m;
}
int Matrix::getCols()
{
      return n;
```

```
}
int Matrix::getElement(int i, int j)
{
    return ptr[i][j];
}
void Matrix::setElement(int i, int j, int element)
{
    ptr[i][j] = element;
}
void Matrix::init(int m, int n)
{
    this->m = m;
    this->n = n;
    ptr = new int * [m];
    for (int i = 0; i < m; i ++)
        ptr[i] = new int[n];
}
Matrix::Matrix(int m,int n)
{
    init(m, n);
}
Matrix::Matrix(int m, int n,int * initData)
{
    init(m, n);
    for (int i = 0; i < m; i ++)
        for (int j = 0; j < n; j ++)
            ptr[i][j] =* (initData + n * i + j);
}
Matrix::Matrix(Matrix &mat)
{
    init(mat.getRows(),mat.getCols());
    for (int i = 0; i < m; i ++)
        for (int j = 0; j < n; j ++)
            ptr[i][j] = mat.getElement(i, j);
}
Matrix:: ~ Matrix()
{
    for (int i = 0; i < m; i ++)
```

```
        delete ptr[i];
    delete ptr;
}
void Matrix::show()
{
    cout << "Matrix: "  << m << " * " << n << endl;
    for (int i = 0; i < m; i ++){
        for (int j = 0; j < n; j ++)
            cout << setw(3) << ptr[i][j];
        cout << endl;
    }
}
Matrix Matrix::operator +(Matrix &mat)
{
    assert(m == mat.getRows() && n == mat.getCols());
    Matrix matrix(m, n);
    for (int i = 0; i < matrix.getRows(); i ++)
        for (int j = 0; j < matrix.getCols(); j ++)
            matrix.setElement(i, j, ptr[i][j] + mat.getElement(i, j));
    return matrix;
}

//MatrixOperation.cpp
#include "Matrix.h"
#include <cassert>
#include <iostream>
using namespace std;

int main()
{
    int a[3][4] = {{1, 2, 3, 4}, {5, 6, 7, 8}, {9, 10, 11, 12}};
    int b[3][4] = {{13, 14, 15, 16}, {17, 18, 19, 20}, {21, 22, 23, 24}};
    Matrix m1(3, 4, *a);
    Matrix m2(3, 4, *b);
    m1.show();
    cout << endl;
    m2.show();
    cout << endl;
```

```
    (m1 + m2).show();
    return 0;
}
```

上面程序中为Matrix类重载了“+”运算符，重载函数以Matrix类的成员函数方式存在，函数只有一个引用参数，表示参加矩阵加法运算的第二个运算对象，而第一个运算对象是由成员函数的隐含this指针参数指定的，也就是正在操作的这个对象本身。函数内的逻辑与例6.1是一致的，只是当需要操作第一个运算数的成员时，不需要采用“对象.成员”的方式，而是直接调用成员。程序执行后的输出结果与例6.1完全相同。

由于假设矩阵存放的都是整型数据，还可以重载“++”和“--”预算符来进行每个矩阵元素的自增1和自减1。如果使用成员函数形式重载，重载函数就不需要传递对象参数了。为了区别运算符使用的前缀/后缀形式，使用一个没有实际意义而只是占位的整型参数来表示单目运算的后缀形式，而不带这个整型参数的重载成员函数表示前缀形式。要求重载后的运算符前/后缀的意义与整型数自增(减)运算相同，即：前缀表示先自增(减)后引用，后缀表示先引用后自增(减)。

例6.3 矩阵的自增运算符重载为成员函数应用举例。

```
//Matrix.h
class Matrix
{
  public:
      Matrix(int m,int n);
      Matrix(int m, int n, int *init);
      Matrix(Matrix &mat);
      ~Matrix();
      int getRows();
      int getCols();
      int getElement(int i, int j);
      void setElement(int i, int j, int element);
      void show();
      Matrix operator ++ ();
      Matrix operator ++ (int);  //用一个占位(没有实际作用的参数)表示后缀形式
  private:
      void init(int m, int n);
      int m, n;
      int **ptr;
};

//Matrix.cpp
#include "Matrix.h"
```

```
#include <iostream>
#include <iomanip>
#include <cassert>
using namespace std;

int Matrix::getRows()
{
    return m;
}
int Matrix::getCols()
{
    return n;
}
int Matrix::getElement(int i, int j)
{
    return ptr[i][j];
}
void Matrix::setElement(int i, int j, int element)
{
    ptr[i][j] = element;
}
void Matrix::init(int m, int n)
{
    this->m = m;
    this->n = n;
    ptr = new int *[m];
    for (int i = 0; i < m; i++)
        ptr[i] = new int[n];
}
Matrix::Matrix(int m,int n)
{
    init(m, n);
}
Matrix::Matrix(int m, int n,int *initData)
{
    init(m, n);
    for (int i = 0; i < m; i++)
        for (int j = 0; j < n; j++)
```

```
            ptr[i][j] =* (initData + n * i + j);
}
Matrix::Matrix(Matrix &mat)
{
    init(mat.getRows(),mat.getCols());
    for (int i = 0; i < m; i ++)
        for (int j = 0; j < n; j ++)
            ptr[i][j] = mat.getElement(i, j);
}
Matrix::~Matrix()
{
    for (int i = 0; i < m; i ++)
        delete ptr[i];
    delete ptr;
}
void Matrix::show()
{
    cout << "Matrix: "   << m << " * " << n << endl;
    for (int i = 0; i < m; i ++)
    {
        for (int j = 0; j < n; j ++)
            cout << setw(3) << ptr[i][j];
        cout << endl;
    }
}
Matrix Matrix::operator ++ ()
{
    for (int i = 0; i < m; i ++)
        for (int j = 0; j < n; j ++)
            ptr[i][j] ++;
    return * this;
}
Matrix Matrix::operator ++ (int)
{
    Matrix mat( * this);
    for (int i = 0; i < m; i ++)
        for (int j = 0; j < n; j ++)
            ptr[i][j] ++;
```

```
        return mat;
}

//MatrixOperation.cpp
#include "Matrix.h"
#include <cassert>
#include <iostream>
using namespace std;

int main()
{
        int a[3][4] = {{1,2,3,4},{5,6,7,8},{9,10,11,12}};
        int b[3][4] = {{13,14,15,16},{17,18,19,20},{21,22,23,24}};
        Matrix m1(3, 4, *a);
        Matrix m2(3, 4, *b);
        m1.show();
        cout << endl;
        m2.show();
        cout << endl;
        (m1++).show();
        m1.show();
        (++m2).show();
        m2.show();
        return 0;
}
```

在上面程序实现对自增/自减运算符的重载,由于单目运算后缀形式的重载函数并不需要参数,只是为了和前缀形式加以区别才带了一个整型参数,所以在实现这个重载函数时,形式参数的名字也是可以忽略的。由于需要返回自增之前的对象,所以后缀形式的重载在实现时需要使用 Matrix mat(*this)语句将当前对象复制一份(深度拷贝),等待当前对象的每个元素自增之后再将复制的那一份临时对象作为结果返回。程序运行后的输出如下:

```
Matrix: 3 * 4
  1  2  3  4
  5  6  7  8
  9 10 11 12

Matrix: 3 * 4
 13 14 15 16
```

```
17 18 19 20
21 22 23 24


Matrix: 3 * 4
  1  2  3  4
  5  6  7  8
  9 10 11 12
Matrix: 3 * 4
  2  3  4  5
  6  7  8  9
 10 11 12 13
Matrix: 3 * 4
 14 15 16 17
 18 19 20 21
 22 23 24 25
Matrix: 3 * 4
 14 15 16 17
 18 19 20 21
 22 23 24 25
```

6.2.3 重载为类的友元函数

运算符重载为成员函数时,当前正在被操作的对象代表了运算符左面的对象,或者说成员函数的 this 指针指向了运算符左面的对象。如果出现在运算符左面的对象不是自定义的,而是我们不能修改代码的对象,此时就不能将运算符重载为类的成员函数,而只能将其重载为类外的普通函数。例如,重载 << 运算符时,其左面的对象是诸如 cout 这样的流对象,我们不可能去修改它的代码,那么就只能重载 << 运算符为类外的普通函数,以实现自定义类的插入流的操作。

以非成员函数形式重载的运算符,如果需要访问参与运算对象的私有成员时,则需要将这个运算符重载函数设置为类的友元函数。

下面的例 6.4 程序以例 6.1 为基础,取消 Matrix 类中访问私有成员的公有成员函数 getRows、getCols、getElement 和 setElement,并将重载运算符函数设置为该类的友元函数,实现通过重载的运算符函数达到可以直接访问 Matrix 类中的私有成员 m、n 和 ptr 的目的。

例 6.4 将运算符非成员重载函数设置为类的友元函数应用举例。

```
//Matrix.h
#include <iostream>
using namespace std;
```

```
class Matrix
{
  public:
      Matrix(int m,int n);
      Matrix(int m, int n, int *init);
      Matrix(Matrix &mat);
      ~Matrix();
      friend ostream & operator <<(ostream &out, Matrix &m2);
  private:
      void init(int m, int n);
      int m, n;
      int **ptr;
};

//Matrix.cpp
#include "Matrix.h"
void Matrix::init(int m, int n)
{
      this->m = m;
      this->n = n;
      ptr = new int *[m];
      for (int i = 0; i < m; i++)
          ptr[i] = new int[n];
}
Matrix::Matrix(int m,int n)
{
      init(m, n);
}
Matrix::Matrix(int m, int n,int *initData)
{
      init(m, n);
      for (int i = 0; i < m; i++)
          for (int j = 0; j < n; j++)
              ptr[i][j] =*(initData + n*i + j);
}
Matrix::Matrix(Matrix &mat)
{
```

```
        init(mat.m,mat.n);
        for (int i = 0; i < m; i++)
            for (int j = 0; j < n; j++)
                ptr[i][j] = mat.ptr[i][j];
}
Matrix::~Matrix()
{
        for (int i = 0; i < m; i++)
            delete ptr[i];
        delete ptr;
}

//MatrixOperation.cpp
#include "Matrix.h"
#include <cassert>
#include <iostream>
#include <iomanip>
using namespace std;

ostream & operator <<(ostream &out, Matrix &matrix)
{
        out << "Matrix: " << matrix.m << " * " << matrix.n << endl;
        for (int i = 0; i < matrix.m; i++)
{
            for (int j = 0; j < matrix.n; j++)
                cout << setw(3) << matrix.ptr[i][j];
            cout << endl;
        }
        return out;
}

int main()
{
        int a[3][4] = { { 1, 2, 3, 4 }, { 5, 6, 7, 8 }, { 9, 10, 11, 12 } };
        int b[3][4] = { { 13, 14, 15, 16 }, { 17, 18, 19, 20 }, { 21, 22, 23, 24 } };
        Matrix m1(3, 4, *a);
        Matrix m2(3, 4, *b);
        cout << m1 << endl;
```

```
    cout << m2 << endl;
    return 0;
}
```

上面程序中重载了输出流插入运算符 <<，使得 Matrix 类的对象可以直接使用 << 进行输出，而不需要定义 show 函数来处理输出。重载函数的第一个参数是 ostream & 类型，也就是参与 << 运算的左面操作对象 cout 的一个基类型引用；第二个参数是自定义的 Matrix 类对象引用，也就是要操作输出的当前对象；重载函数将第一个参数使用之后，又作为返回值返回给调用点，这样做的目的是为了支持 << 运算的级联以连续插入输出内容，如 cout << m1 << endl;。程序运行后的输出如下：

```
Matrix: 3 * 4
  1  2  3  4
  5  6  7  8
  9 10 11 12

Matrix: 3 * 4
 13 14 15 16
 17 18 19 20
 21 22 23 24
```

6.2.4 典型运算符重载示例

本小节给出关于矩阵类 Matrix 的几个常用的运算符重载，包括 +（加法）、-（减法）、++（自增，包括前缀和后缀）、--（自减，包括前缀和后缀）、*（乘法）、^（点乘）。其中，由于 C ++ 语言本身没有点乘操作符，借用 C ++ 语言中的按位异或运算（^）来表示矩阵的点乘运算。示例程序中的运算符重载使用 Matrix 类的成员函数形式表示。

例 6.5 Matrix 的几个常用运算符重载举例。

```
//Matrix.h
class Matrix
{
  public:
      Matrix(int m,int n);
      Matrix(int m, int n, int * init);
      Matrix(Matrix &mat);
      ~Matrix();
      int getRows();
      int getCols();
      int getElement(int i, int j);
      void setElement(int i, int j, int element);
```

```
    void show();
    Matrix operator +(Matrix &mat);
    Matrix operator -(Matrix &mat);
    Matrix operator ++();
    Matrix operator ++(int);
    Matrix operator --();
    Matrix operator --(int);
    Matrix operator *(Matrix &mat);
    Matrix operator ^(Matrix &mat);
  private:
    void init(int m, int n);
    int m, n;
    int **ptr;
};

//Matrix.cpp
#include "Matrix.h"
#include <iostream>
#include <iomanip>
#include <cassert>
using namespace std;

int Matrix::getRows()
{
    return m;
}
int Matrix::getCols()
{
    return n;
}
int Matrix::getElement(int i, int j)
{
    return ptr[i][j];
}
void Matrix::setElement(int i, int j, int element)
{
    ptr[i][j] = element;
}
```

```
void Matrix::init(int m, int n)
{
    this->m = m;
    this->n = n;
    ptr = new int *[m];
    for (int i = 0; i < m; i++)
        ptr[i] = new int[n];
}
Matrix::Matrix(int m,int n)
{
    init(m, n);
}
Matrix::Matrix(int m, int n,int *initData)
{
    init(m, n);
    for (int i = 0; i < m; i++)
        for (int j = 0; j < n; j++)
            ptr[i][j] =*(initData + n*i + j);
}
Matrix::Matrix(Matrix &mat)
{
    init(mat.getRows(),mat.getCols());
    for (int i = 0; i < m; i++)
        for (int j = 0; j < n; j++)
            ptr[i][j] = mat.getElement(i, j);
}
Matrix::~Matrix()
{
    for (int i = 0; i < m; i++)
        delete ptr[i];
    delete ptr;
}
void Matrix::show()
{
    cout << "Matrix: " << m << " * " << n << endl;
    for (int i = 0; i < m; i++)
    {
        for (int j = 0; j < n; j++)
```

```
            cout << setw(4) << ptr[i][j];
        cout << endl;
    }
}
Matrix Matrix::operator +(Matrix &mat)
{
    assert(m == mat.getRows() && n == mat.getCols());
    Matrix matrix(m, n);
    for (int i = 0; i < matrix.getRows(); i++)
        for (int j = 0; j < matrix.getCols(); j++)
            matrix.setElement(i, j, ptr[i][j] + mat.getElement(i, j));
    return matrix;
}
Matrix Matrix::operator -(Matrix &mat)
{
    assert(m == mat.getRows() && n == mat.getCols());
    Matrix matrix(m, n);
    for (int i = 0; i < matrix.getRows(); i++)
        for (int j = 0; j < matrix.getCols(); j++)
            matrix.setElement(i, j, ptr[i][j] - mat.getElement(i, j));
    return matrix;
}
Matrix Matrix::operator ++()
{
    for (int i = 0; i < m; i++)
        for (int j = 0; j < n; j++)
            ptr[i][j]++;
    return *this;
}
Matrix Matrix::operator ++(int)
{
    Matrix mat(*this);
    for (int i = 0; i < m; i++)
        for (int j = 0; j < n; j++)
            ptr[i][j]++;
    return mat;
}
Matrix Matrix::operator --()
```

```
{
    for (int i = 0; i < m; i ++ )
        for (int j = 0; j < n; j ++ )
            ptr[i][j] -- ;
    return *this;
}
Matrix Matrix::operator --(int)
{
    Matrix mat( *this);
    for (int i = 0; i < m; i ++ )
        for (int j = 0; j < n; j ++ )
            ptr[i][j] -- ;
    return mat;
}
Matrix Matrix::operator *(Matrix &mat)
{
    assert(n == mat.getRows());
    Matrix matrix(m,mat.getCols());
    for (int i = 0; i < matrix.getRows(); i ++ )
        for (int j = 0; j < matrix.getCols(); j ++ )
        {
            int sum = 0;
            for (int k = 0; k < n; k ++ )
                sum += ptr[i][k] * mat.getElement(k, j);
            matrix.setElement(i, j, sum);
        }
    return matrix;
}
Matrix Matrix::operator ^(Matrix &mat)
{
    assert(m == mat.getRows() && n == mat.getCols());
    Matrix matrix(m, n);
    for (int i = 0; i < matrix.getRows(); i ++ )
        for (int j = 0; j < matrix.getCols(); j ++ )
            matrix.setElement(i, j, ptr[i][j] * mat.getElement(i, j));
    return matrix;
}
```

```
//MatrixOperation.cpp
#include "Matrix.h"

int main()
{
    int a[3][4] = {{1, 2, 3, 4}, {5, 6, 7, 8}, {9, 10, 11, 12}};
    int b[3][4] = {{13, 14, 15, 16}, {17, 18, 19, 20}, {21, 22, 23, 24}};
    int c[2][3] = {{1, 2, 3}, {4, 5, 6}};
    int d[3][2] = {{7, 8}, {9, 10}, {11, 12}};
    Matrix m1(3, 4, *a);
    Matrix m2(3, 4, *b);
    Matrix m3(2, 3, *c);
    Matrix m4(3, 2, *d);
    m1.show();
    m2.show();
    (m1 + m2).show();
    (m1 - m2).show();
    (m1++).show();
    m1.show();
    (++m2).show();
    m2.show();
    (m1--).show();
    m1.show();
    (--m2).show();
    m2.show();
    (m1^m2).show();
    m3.show();
    m4.show();
    (m3 * m4).show();
    return 0;
}
```

程序运行后的输出如下：

```
Matrix: 3 * 4
   1   2   3   4
   5   6   7   8
   9  10  11  12
Matrix: 3 * 4
  13  14  15  16
```

```
  17  18  19  20
  21  22  23  24
Matrix: 3 * 4
  14  16  18  20
  22  24  26  28
  30  32  34  36
Matrix: 3 * 4
 -12 -12 -12 -12
 -12 -12 -12 -12
 -12 -12 -12 -12
Matrix: 3 * 4
   1   2   3   4
   5   6   7   8
   9  10  11  12
Matrix: 3 * 4
   2   3   4   5
   6   7   8   9
  10  11  12  13
Matrix: 3 * 4
  14  15  16  17
  18  19  20  21
  22  23  24  25
Matrix: 3 * 4
  14  15  16  17
  18  19  20  21
  22  23  24  25
Matrix: 3 * 4
   2   3   4   5
   6   7   8   9
  10  11  12  13
Matrix: 3 * 4
   1   2   3   4
   5   6   7   8
   9  10  11  12
Matrix: 3 * 4
  13  14  15  16
  17  18  19  20
  21  22  23  24
```

```
Matrix: 3 * 4
  13  14  15  16
  17  18  19  20
  21  22  23  24
Matrix: 3 * 4
  13  28  45  64
  85 108 133 160
  189 220 253 288
Matrix: 2 * 3
   1   2   3
   4   5   6
Matrix: 3 * 2
   7   8
   9  10
  11  12
Matrix: 2 * 2
  58  64
 139 154
```

6.3 虚函数

在设计派生类时,如果派生类重写了基类的方法,那么当使用基类指针或引用操作派生类时,按照类型兼容性原则,派生类重写的方法不可能被访问到。但在应用程序中将一簇类中不同派生层次中的对象进行统一处理时,往往希望能够访问派生类自己重写的方法。例如,有如下代码:

```
Triangle t;
IsoscelesTriangle i;
EquilateralTriangle e;
Triangle *tArray[3] = {&t,&i,&e};
for(int i=0;i<3;i++)
tArray[i] -> draw();
```

期望这段代码执行时,在for循环内部调用每个对象自身的draw函数,以每个对象自定义的方式来画出自己。虽然,三角形的画法都可以用基类的函数来正确执行(画出三个点,用线连段连接三个点),但是在画图系统中,或许等腰三角形应该以黄色线画出,等边三角形应该以红色线画出。上述代码段就不能实现所期望的要求,每个对象都会以基类定义的方式画出来。

解决上述问题的方法就是使用虚函数来定义基类的成员方法,派生类重写此方法后,可以通过基类指针或引用调用这个重写方法。

6.3.1 静态联编和动态联编概念

联编又可称为绑定,是系统将函数调用与函数具体实现关联的过程。只有进行了联编后,函数调用发生时才能将执行流程转向与之关联在一起的具体实现代码。按照联编的不同时机,联编分为静态联编和动态联编。

静态联编发生在编译阶段,故又可称为早联编。编译器若能在此时确定函数调用需要执行的实现代码,那么它会在代码中将函数代码的入口地址(相对地址)与函数调用关联起来。程序生成之后,函数调用会执行的代码就已经确定了,无论执行多少次,都是不变的。绝大多数的函数调用都会在编译时进行联编,例如:非成员函数调用、一般的成员函数(非虚函数)调用、函数重载调用。

动态联编发生在程序运行时,故又称为晚联编。它不能基于指针或引用变量的类型来对所操作的数据类型进行判断,而是针对指针所指向或引用所代表的对象实际类型来做判断。如上面例子中的 tArray[i]元素,它是一个 Triangle 类型的指针,在编译阶段只知道它指向的是 Triangle 类型对象,如果在编译时联编,无论这个指针实际指向的是什么对象,都只能调用基类的方法。C ++ 语言处理虚函数是以动态联编的方式来进行的,程序运行时,系统根据当前指针指向的对象类型,动态地决定调用那一个函数或重写函数。例如,当 i =0 时,tArray[0]指向的是 Triangle 类的对象,那么 tArray[0]. draw()就是调用 Triangle 类的 draw 函数;当 i =1 时,tArray[1]指向的是 IsoscelesTriangle 类的对象,那么 tArray[1]. draw()就是调用 IsoscelesTriangle 类重写的 draw 函数;当 i = 2 时,tArray[2]指向的是 EquilateralTriangle 类的对象,tArray[2]. draw()肯定调用的也是这个类重写的 draw 方法。更进一步,甚至可以在程序运行时,由用户的输入来决定指针所指向的对象类型。下面的代码段展示了这种方法:

```
Triangle t;
IsoscelesTriangle i;
EquilateralTriangle e;
Triangle  * tPtr;
int a;
    cin >> a;
    switch(a) {
    case 1:
        tPtr = &t;
        break;
    case 2:
        tPtr = &I;
        break;
    case 3:
    default:
        tPtr = &e;
```

```
        break;
    }
    tPtr -> draw();
```

上面代码段更加明确地说明了,如果希望使用基类指针来调用派生类的重写方法,只能采用动态联编的方式,在程序运行时来决定函数调用与函数实现的关联。

在 C ++ 语言支持的 4 种多态特征中,重载多态、强制多态和参数多态都是通过静态联编来解决,而包含多态则是由动态联编解决。

6.3.2 虚函数的定义和使用

声明虚函数的一般形式如下:

virtual **函数返回类型 函数名(形参表)**

virtual 关键字只能出现在类定义中的函数原型声明中,不能出现在函数实现时的函数头部。如基类的某个函数被定义为虚函数,那么派生类中的同名函数也是虚函数,只是在派生类中就可以不写 virtual 关键字。但是多数程序员还是习惯性地写上它,以表示该函数是一个虚函数。注意,构造函数不能声明为虚函数。

例 6.6 虚函数使用举例。

```
//VirtualFunction.cpp
#include <iostream>
using namespace std;

class Triangle
{
  public:
      virtual void draw();
};

void Triangle::draw()
{
  cout << "Triangle is drawing using white line." << endl;
}
class IsoscelesTriangle : public Triangle
{
  public:
      void draw();
};

void IsoscelesTriangle::draw()
{
```

```
        cout << "IsoscelesTriangle is drawing using yellow line." << endl;
}
class EquilateralTriangle : public IsoscelesTriangle
{
  public:
        void draw();
};
void EquilateralTriangle::draw()
{
        cout << "EquilateralTriangle is drawing using red line." << endl;
}
int main()
{
        Triangle t;
        IsoscelesTriangle i;
        EquilateralTriangle e;
        Triangle *tArray[3] = { &t, &i, &e };
        for (int i = 0; i<3; i++)
            tArray[i]->draw();
}
```

程序运行后的输出如下:

Triangle is drawing using white line。

IsoscelesTriangle is drawing using yellow line。

EquilateralTriangle is drawing using red line。

上面程序中,如果不使用虚函数关键字 virtual 来修饰 Triangle 类的 draw 函数,则程序输出的后两行应该与第一行完全相同,调用的都是基类的方法。

并不是定义了虚函数,就一定能发生多态(向不同对象传递相同的消息,却发生不同的行为。即调用不同对象的相同方法时,执行的结果却是不一样的)。要实现多态,还必须同时满足下面两个条件:

①满足兼容性规则,只有将同一簇的类对象看作相同的基类对象处理时,才会发生多态。

②通过成员函数的调用,或者使用指针、引用变量来访问虚函数时,才会发生多态。也就是说,如果使用对象来直接访问虚函数是不能发生多态的,因为这种方式是通过静态联编来确定调用对象所属类的成员函数。

由于使用虚函数能够使程序获得多态的重要特性,可以将同一簇的多个类对象进行统一的操作,一个好的设计习惯是:将需要派生类重写的函数声明为虚函数,将不希望派生类改变的函数声明为非虚函数。而且,不要重写基类的非虚函数(虽然从语法上来看,这是合法的)。

6.3.3 虚析构函数

如果析构函数中做了回收内存等关于系统资源清理的工作，那么我们一定要确保它在对象消亡时被执行，否则系统资源就不可能被回收再利用。但是，一个派生类对象被赋予了基类指针 ptr，那么使用 delete ptr 来回收这个对象时，系统会将这个对象作为基类对象处理，只有基类对象的析构函数会被执行，而派生类对象的析构函数被忽略了。这种派生类对象析构函数被忽略的情况如例 6.7 所示。

例 6.7 派生类的析构函数未执行的例子。

```
//VirtualDestructor.cpp
#include <iostream>
using namespace std;

class Triangle
{
  public:
      ~Triangle();
};
Triangle::~Triangle()
{
      cout << "Triangle destructor is running" << endl;
}
class IsoscelesTriangle : public Triangle
{
  public:
      IsoscelesTriangle();
      ~IsoscelesTriangle();
  private:
      float * isoscelesAngle;
};

IsoscelesTriangle::IsoscelesTriangle()
{
    isoscelesAngle = new float(0);
}
IsoscelesTriangle::~IsoscelesTriangle()
{
    cout << "IsoscelesTriangle destructor is runnning" << endl;
    delete isoscelesAngle;
```

```
}

int main()
{
    Triangle *ptr;
    IsoscelesTriangle *itPtr = new IsoscelesTriangle();
    ptr = itPtr;
    delete ptr;
    reutern 0;
}
```

例6.7 程序中的派生类构造函数没有被正确地调用,其中的内存回收语句 delete isoscelesAngle 没有被执行,这将导致内存泄露。程序运行后的输出如下:

Triangle destructor is running

解决上述问题的方法就是将基类的析构函数定义为虚函数,那么这个基类的所有子孙类的析构函数都将是虚函数,这样可以确保子孙类对象的析构函数肯定会被执行到。虚析构函数的一般形式很简单,就是在析构函数前面加上 virtual 关键字:

virtual ~**类名**();

将例6.7 中的 ~Triangle();语句改为 virtual ~Triangle();后,派生类的撤销必然导致其基类的撤销,派生类的析构函数和基类的析构函数都会被执行。程序执行后可以得到如下所示的输出结果:

IsoscelesTriangle destructor is runnning

Triangle destructor is running

从输出结果可以看到,派生类的析构函数被正确地执行了,其中的释放内存的操作也被正常执行,就避免了内存泄露的错误。

6.4 抽象类

我们在 C ++ 语言中讨论的类就是抽象现实世界某一类事物的共有属性和方法,它代表了某类事物的共性。而抽象类是在类的基础上进一步抽象,它定义了某一簇类的共有方法,描述了这一簇类的公有接口。抽象类主要用来进行系统的设计,它的定义往往出现在某一簇类的定义之前,提前描述其他几个类的共同公有成员函数,它是这一簇类的基类。抽象类只被用来描述设计功能,不能被实例化,只能用来作为基类派生出其他类。

从语法上来看,抽象类就是带有纯虚函数的类。

6.4.1 纯虚函数

在定义抽象类时,我们为某一簇类设计的一个共有方法描述了这一簇类共同拥有,但却需要各自定义的成员函数。在 C ++ 语言中,用纯虚函数来定义抽象类描述的一个共有方法,纯虚函数本身可以不被实现,但在派生类中必须被重写。例如,如果在画图系统中希望在定义包括 Point、Line、Triangle、Polygon 在内的所有图形类之前，先定义这些图形类在整个系统中应该具有哪些共同拥有的外部接口，用以保证在后续的类定义中不会漏掉这些外部接口，并且还能够用一个基类指针去操作所有的图形类。为此，需要定义一个 Shape 类来作为所有图形类的祖先类，所有的图形类都直接或间接继承于 Shape 类，它描述了所有具体图形所共有的方法。可以为 Shape 类抽象出的外部接口包括：draw（在设备上画出自己）、getArea（得到面积，假设 Point 和 Line 的面积为0），并定义两个纯虚函数来代表这两个公共接口。

纯虚函数的一般形式如下：

virtual **函数类型 函数名（参数表）**=0;

与虚函数相比较，纯虚函数不同的是在参数表后面加上了 =0，这表示了这个函数是纯虚函数，可以不在本类中实现（如果实现也是可以的），但必须在派生类中重写。一般情况下，纯虚函数只是用来描述设计，具体的实现放到派生类中。例如，在上面所提的画图系统中，可以定义 Shape 类的两个纯虚函数：

```
class Shape{
  public:
    virtual void draw() =0;
    virtual float getArea() =0;
}
```

如果基类的纯虚函数被实现，派生类重写了它，那么需要访问纯虚函数时可以使用作用域分辨符::来访问。如果析构函数是纯虚函数，那么它必须被实现，因为派生类的析构函数需要调用它。

6.4.2 抽象类和具体类

带有纯虚函数的类是抽象类，相反地，不带有纯虚函数的类是具体类。抽象类不能够被实例化为对象，具体类可以被实例化为对象。抽象类中的成员函数可以全是纯虚函数，也可以只有一个函数是纯虚函数。抽象类代表了一种设计规范，它并不代表某一类事物，而是代表了某一簇类事物，因此它不能被实例化，不能定义抽象类的对象。抽象类的纯虚函数必须在派生类中重写，这就迫使派生类的设计者思考派生类在这个公共接口中如何体现自己的特点。例如，Triangle 的设计者就必须要思考如何重写 draw 函数？如何求面积？如果抽象类的派生类并没有重写所有的纯虚函数，那么它依然也是抽象类，依然不能被实例化。只有全部重写基类的纯虚函数后，派生类才能成为具体类，才能定义对象并被实例化。

例 6.8 纯虚函数和抽象类的应用举例。

```
//AbstractFunction.cpp
#include <iostream>
using namespace std;

class Shape
```

```
{
  public:
      virtual void draw( ) =0;
      virtual float getArea( )  =  0;
};
class Point : public Shape
{
  public:
      Point( ){ x  =  0; y  =  0; }
      Point(float x, float y){ this->x  =  x; this->y  =  y; }
      void draw( );
      float getArea( );
      float getX( ){ return x; }
      float getY( ){ return y; }
  private:
      float x, y;
};

void Point::draw( )
{
    cout << "(" << x << "," << y << ")" << endl;
}
float Point::getArea( )
{
    return 0;
}

class Triangle : public Shape
{
  public:
      Triangle(Point p1, Point p2, Point p3){ this->p1  =  p1;
                        this->p2  =  p2; this->p3  =  p3; }
      void draw( );
      float getArea( );
  private:
      Point p1, p2, p3;
};
```

```
void Triangle::draw()
{
    cout << "Triangle " << endl;
    p1.draw();
    p2.draw();
    p3.draw();
    cout << endl;
}
float Triangle::getArea()
{
    float l1, l2, l3, s;
    l1 = sqrt(pow(p1.getX() - p2.getX(), 2) + pow(p1.getY() - p2.getY(), 2));
    l2 = sqrt(pow(p1.getX() - p3.getX(), 2) + pow(p1.getY() - p3.getY(), 2));
    l3 = sqrt(pow(p3.getX() - p2.getX(), 2) + pow(p3.getY() - p2.getY(), 2));
    s = (l1 + l2 + l3) / 2;
    return sqrt(s * (s - l1) * (s - l2) * (s - l3));
}

int main()
{
    Point p1(0, 0), p2(3, 0), p3(0, 4);
    Triangle triangle(p1, p2, p3);
    Shape *shape[4] = { &p1, &p2, &p3, &triangle };
    for (int i = 0; i < 4; i++)
    {
        shape[i]->draw();
        cout << shape[i]->getArea() << endl;
    }
    return 0;
}
```

上面程序中的Shape为抽象类,其中有两个纯虚函数draw和getArea,Point和Triangle类都是公共继承自Shape,分别重写了draw和getArea,因此它们都是具体类,可以被实例化。main函数中定义了一个Shape类型的指针数组,为每个元素都初始化一个Shape派生类的对象,使用这些元素可以统一进行不同Shape派生类对象的操作。由于draw和getArea都是纯虚函数,使用基类指针操作派生类对象时,可以调用派生类重写的函数版本,程序执行后的输出结果很好地说明了这一点:

```
(0,0)
0
```

```
(3,0)
0
(0,4)
0
Triangle
(0,0)
(3,0)
(0,4)

6
```

习 题

一、单项选择题

1. 下列运算符中，不能被重载的是(　　)。

A. ++　　B. [ ]　　C. ? :　　D. *

2. 如果要为类 A 重载“ + ”运算符，下列的重载非成员函数正确的是(　　)。

A. A operator +(A &a){ … }　　B. A operator +(A &a1, A &a2){ … }

C. A +(A &a){ … }　　D. A +(A &a1, A &a2){ … }

3. 下面(　　)项能够正确地申明重载“ - ”运算符的后缀形式为类 A 的成员函数。

A. A * operator -(A &a);　　B. A operator -(A &a);

C. A operator -(A &a1, A &a2);　　D. A * operator -(A &a1, A &a2);

4. 下面(　　)项能够正确地申明重载“ ++ ”运算符的后缀形式为类 A 的成员函数。

A. A operator ++(int);　　B. A operator ++();

C. A operator ++(0);　　D. A operator ++(A,int);

5. 下列(　　)项的运算符，不能将其重载为类的成员函数。

A. +　　B. *　　C. /　　D. <<

6. 下面(　　)种多态形式是由动态联编来实现的。

A. 重载多态　　B. 强制多态　　C. 参数多态　　D. 包含多态

7. 下列(　　)项不属于静态联编。

A. 非成员函数调用　　B. 非虚函数调用　　C. 虚函数调用　　D. 函数重载调用

8. 下列关于虚函数的说法中，(　　)项是错误的。

A. 构造函数不能申明为虚函数

B. 析构函数不能申明为虚函数

C. 如果要使用虚函数来实现多态，必须满足类型兼容原则

D. 通常将需要派生类重写的函数申明为虚函数

9. 类 A 是类 B 的基类，下面(　　)项表示的代码执行完成后，不能够正确调用 B 类的析构函数。

A. B ＊p = new B( ); delete p;　　B. A ＊p = new B( ); delete p;
C. A a; B b; a = b;　　D. A ＊a; B b; a = &b;

10. 下列(　　)项的代码,能够正确地将类 A 的函数 show 申明为纯虚函数。
A. virtual class A{ void show( ) =0;}　　B. class A{ void show( ) =0;}
C. class A{ virtual void show( );}　　D. class A{ virtual void show( ) =0;}

二、程序设计

1. 设计并实现 MyString 类,用以封装关于字符串的存储和相关操作。要求:

①类的内部使用字符数组来存放字符串,在构造函数中使用动态内存分配的方式开辟字符串存储空间,其大小要求刚好够用,在析构函数中释放空间。

②请根据需要设计类成员变量和构造、析构函数。

③为 MyString 增加 7 个重载运算符:

<< 运算符用于向输出流插入字符串的内容;
== 运算符用于判断两个 MyString 对象中存放的字符串是否相等;
!= 运算符用于判断两个 MyString 对象中存放的字符串是否不相等;
> 运算符用于判断左面的 MyString 对象表示的字符串是否比右面的大;
>= 运算符用于判断左面的 MyString 对象表示的字符串是否比右面的大或相等;
< 运算符用于判断左面的 MyString 对象表示的字符串是否比右面的小;
<= 运算符用于判断左面的 MyString 对象表示的字符串是否比右面的小或相等。

④在 main 函数中构建两个 MyString 对象,使用 << 运算符将其内容输出到显示器,并将重载的其他运算符作用于两个对象,输出其运算结果。

2. 设计并实现一个抽象类 Polygon 表示多边形,及其两个子类 Triangle 和 Rectangle,分别表示三角形和矩形。要求:

①Polygon 不具有任何的数据成员,只具有如下纯虚函数表示多边形应该具备的外部接口:

void show( ); 打印多边形每个顶点的位置;
double getPerimeter( ); 得到多边形的边长;
double getArea( ); 得到多边形的面积。

②设计并实现 Point 类来表示多边形的顶点,其具有 x,y 两个数据成员和得到它们的值的外部接口 getX( )和 getY( )。

③子类 Triangle 和 Rectangle 除了实现父类的纯虚函数之外,可根据需要设计成员变量、构造函数等。

④在 main 函数中申明 Triangle 和 Rectangle 的对象,并打印每个对象的顶点位置、边长和面积。

3. 设计并实现 RowVector 类表示整数值的行向量,并重载 + 、＊ 、++ 运算符为成员函数。要求:

①RowVector 类中有类型为 vector < int > 的成员变量,用以存储行向量的数据。有公共接口 void print( )表示打印出行向量的每个分量。有构造函数 RowVector(vector < int > &data)。

②重载 + 运算得到行向量各个对应分量的和向量；重载 * 运算得到行向量各个对应分量的乘积向量；重载 ++ 运算符(前缀)得到行向量各个分量自增 1 后的行向量。

③暂且不考虑参与运算的两个行向量大小不一致的情况。

④在 main 函数中构建两个行向量，测试使用上述运算符后的结果。

4. 设计抽象类 Shape，及其派生类 Point、Triangle、Rectangle。要求：

①Shape 有两个纯虚函数：

double getArea()；获取图形的面积(点、线的面积为 0)；

void draw()；打印出形状的信息。

②在 main 函数中申明 Point、Triangle、Rectangle 的对象，并调用 getArea 和 draw 方法。

③自行考虑每个派生类的构造函数和应该新增的成员。

5. 编写一个抽象类 Base1，它具有以下两个纯虚函数：fun1 和 fun2，且返回类型为空，没有参数。编写一个类 Base2，它从 Base1 派生，具有 x，y 两个整型属性，重写了 fun1 和 fun2 两个函数，用于输出两个属性的和与差。编写一个类 Base3，它从 Base2 派生，具有 x，y 两个整型属性，也重写了 fun1 和 fun2 两个函数，用于输出两个属性的积与商。

编写一个函数，它可以调用 Base1 派生类对象的 fun1 和 fun2 方法，并且调用的都是重写的函数版本，而不是来自于基类。

此函数原型是：void fun(Base1 *p)；。

编写主函数，构建 Base2 对象和 Base3 对象，并调用 fun 函数，以验证其正确性。

6. 设计并实现 Complex 类表示复数，具有实部和虚部两个属性，并具备自定义的构造函数。为 Complex 类重载“+”运算，使两个复数对象可以使用“+”进行运算。并使用 main 函数进行测试。

第7章

类模板与 STL 编程

泛型编程就是以独立于任何特定类型的方式编写代码。使用泛型程序时，我们需要提供具体程序实例所操作的类型或值。我们后面讲到的标准库的容器、迭代器等都是采用了泛型编程。

7.1 类模板的定义和使用

7.1.1 类模板的定义

类似于面向对象的多态性，在泛型编程中，设计的类和函数能够多态地用于跨越编译时不相关的类型。一个类或一个函数可以用来操纵多种类型的对象。关于函数的泛型编程在第1章已经进行了讨论。本章主要讨论类的泛型编程。例如，为了增强数组的处理功能，可以设计一个类似数组的类 ArrayList，使用 ArrayList 可以存储和处理各种不同类型的数据，比如可以存放普通类型 int 的，可以存放自定义的 Student 类型等。

C ++ 语言中，模板是泛型编程的基础，是创建类或函数的蓝图或公式。例如，设计的数组类 ArrayList，就需要能够产生任意数量的特定类型的 ArrayList 类，如 ArrayList < int >、ArrayList < Student > 等。

与函数模板类似，使用类模板可以为类定义一种模式，使得类中的某些数据成员、某些成员函数的参数、某些成员函数的返回值能取任意数据类型。类模板是对一批仅仅成员数据类型不同的类的抽象，程序员只要为这一批类所组成的整个类家族创建一个类模板，给出一套程序代码，就可以用来生成多种具体的类，从而大大提高编程的效率。

类模板定义的一般形式如下：

```
template <类型名 参数名1,类型名 参数名2,…>
class 类名
{
```

```
    类声明体
};
```

模板的类型参数由关键字 typename 或关键字 class 及其后的标识符构成。在模板参数表中关键字 typename 和 class 的意义相同。

例 7.1 类模板设计示例。

```
template < typename T, int n >
class TC
{
  public:
      TC();
      void Assign(T src);
      //...
  private:
      T ValueArray[n];
}
```

通过例 7.1 的程序代码可以看出:类模板也是模板,定义的时候也必须使用关键字 template 引导,后接模板形参表。TC 模板接受一个名为 T 的模板类型形参,同时接收一个 int 类型的数值。除了模板形参表外,类模板的定义与定义其他的具体类非常相似。类模板可以定义数据成员、函数成员和类型成员,也可以使用访问标号控制对成员的访问,还可以定义构造函数和析构函数等。在类和类成员的定义中,可以使用模板形参作为类型或值的占位符,在使用类时再提供那些具体的数据类型或值。

在定义类模板时需要注意以下问题:

①如果在全局域中声明了与模板参数同名的变量,则该变量被隐藏掉。例如:

```
typedef string type;
template < typename type, int width >
```

②模板参数名不能被当做类模板定义中类成员的名字。例如:

```
template < typename type, int width >
class Graphics
{
    double type;                    //错误:成员名不能与模板参数 type 同名
    …
};
```

③同一个模板参数名在模板参数表中只能出现一次。例如:

```
template < typename type, typename type >        //错误:重复使用名为 type 的参数
```

④在不同的类模板或声明中,模板参数名可以被重复使用。例如:

```
template < typename type, int width >
class Graphics
{
```

```
    …
};
template < typename type >
class Round
{
    …
};
```

⑤在类模板的前向声明和定义中,模板参数的名字可以不同。例如:

```
template  < class T >  class Image;
template  < class U >  class Image;
// 模板的真正定义
template  < class Type >
class Image
{
        //模板定义中只能引用名字“Type”,不能引用名字“T”和“U”
}
```

7.1.2 类模板的实例化

模板不是具体的类或函数,编译器用模板产生指定的类或函数的特定类型版本。所谓模板实例化是指通过使用具体数据类型或值替换模板参数,从模板产生的普通类、函数或者成员函数的过程,类模板的实例化就是从通用的类模板定义中生成具体类的过程。

例如,对于例7.1中设计的类模板,如果使用的实例化代码为:TC < char, 80 > A;时,那么会得到下面实例化的具体类:

```
class TC
{
 public:
   TC();
   void Assign(char src);
   //...
 private:
   char ValueArray[80];
};
TC A;
```

同样,使用例7.1设计的类模板,使用的实例化代码为:TC < int, 125 > B;时,那么会得到下面实例化的具体类:

```
class TC
{
 public:
```

```
    TC();
    void Assign(int src);
    //...
  private:
    int ValueArray[125];
};
TC B;
```

在使用类模板时,必须显式指定模板实参,否则编译器不知道实例化成哪种类。如下面这样实例化是错误的:

```
CPU c;                          // error: which template instantiation?
TC A;                           // error: which template instantiation?
```

在使用类模板时还应特别注意,类模板不定义类型,只有特定的实例才定义了类型。特定的实例化是通过提供模板实参与每个模板形参匹配而定义的。模板实参在用逗号分隔并用尖括号括住的列表中指定。例如:

```
CPU<int> icpu;          // ok: 定义计算 int 的 CPU
CPU<string> scpu;       // ok: 定义计算 string 的 CPU
```

类模板实例化的时机主要有以下几种:

①当使用了类模板实例的名字,并且上下文环境要求存在类的定义时。

②对象类型是一个类模板实例,当对象被定义时,此点被称作类的实例化点。

③一个指针或引用指向一个类模板实例,当检查这个指针或引用所指的对象时。

例 7.2 类模板实例化的时机。

```
template<typename Type>
class Graphics{};
void fun(Graphics<char>);
class Rect
{
    Graphics<double>& rsd;
    Graphics<int> si;
};
int main()
{
    Graphcis<char> * sc;
    fun(*sc);
    int iobj = sizeof(Graphics<string>);
    return 0;
}
```

在上面的程序中,void fun(Graphics <char>);仅是一个函数声明,不需实例化。Graphics <double>& rsd;声明的是一个类模板的引用,所以也不需要实例化。Graphics

<int>si;中的 si 是一个 Graphics 类型的对象,因此需要实例化类模板。Graphcis <char> * sc; 这一语句仅声明一个类模板指针,不需要实例化。fun(* sc);需要实例化,因为其参数是一个 Graphics <int> 对象。int iobj = sizeof(Graphics <string>) ;需要实例化,因为 sizeof 会计算 Graphics <string> 对象的大小,此时编译器必须根据类模板定义产生该类型。

7.1.3 默认模板参数

类模板中的形参一般情况下都是在实例化具体类的时候用实参指定,如果需要也可以让形参具有类型或值的默认实参值。一般采用等号(=)后跟类型名称或值来指定默认参数。对于多个模板参数,第一个默认参数后的所有参数必须具有默认参数。声明带默认参数的模板类对象时,可省略参数以接受默认参数。需要注意的是,即使没有非默认参数,也不能忽略空尖括号。

例 7.3 默认模板参数的使用示例。

```
#include <iostream>
using namespace std;
template <typename TypeA = int, typename TypeB = float>
class MyClass
{
  public:
      TypeA value_A;
      TypeB value_B;
  public:
      MyClass(TypeA valA,TypeB valB)
      {
          value_A = valA;
          value_B = valB;
      }
      MyClass(){}
      ~MyClass(){}
      TypeA GetValueA()
      {
          return value_B;
      }
      TypeB GetValueB()
      {
          return value_A;
    }
      void MemberFuntion(TypeB Tval);
};
```

```
template <class TypeA, class TypeB>
void MyClass <TypeA, TypeB>::MemberFuntion(TypeB Tval)
{
    cout << "模板成员函数的值: " << Tval << endl;
}
```

在上面的程序中,MyClass 是一个模板类,其中有两个参数 TypeA、TypeB,同时给出了默认的模板参数值。在使用过程中,如果没有指定 TypeA、TypeB 的类型的时候,编译器会采用默认模板参数指定的类型。在 main 主调函数中有两种调用类模板的方式:

①使用默认参数值,主函数代码如下:

```
int main()
{
    MyClass < > cls(1,2.0f);
    cout << cls.GetValueA() << endl;
    cls.MemberFuntion(11.0f);
}
```

这段代码中,使用 MyClass < > cls(1,2.0f);语句实例化类时,全部采用默认的模板参数值,也就是采用模板类指定的参数的类型,即 TypeA 为 int,TypeB 为 float。由于参数都已经采用默认值了,MyClass < > 尖括号内没有需要指定的类型,所以为空。

②覆盖默认参数值,即在实例化类的时候不采用默认参数值,自己指定参数类型。

```
int main()
{
    MyClass <char,char> clsch('z','l');
    cout << "value_A 的值: " << clsch.GetValueA() << endl;
    cout << "value_B 的值: " << clsch.GetValueB() << endl;
    clsch.MemberFuntion('a');
}
```

在这段代码中,使用 MyClass <char,char> clsch('z','l');语句实例化类时,声明了类模板的参数类型,这样就覆盖了原有的默认模板参数类型。

7.2 类模板的简单应用

7.2.1 栈类模板

泛型编程应用很广泛,本节重点介绍一种使用类模板实现的泛型编程——栈。栈是一种后进先出(或者先进后出)的数据结构,既可以向栈里放入数据,也可以将数据从栈里取出。栈在本质上是一个数组结构,在内存中申请一块指定大小的空间用于存放所使用的数据。现在仅考虑设计栈的大小为规定值,栈满的情况下只能将数据取出后才能继续存放。

读者可以在示例程序的基础之上，将栈的大小设置为可以自动增长的形式。

例 7.4 栈模板类示例。

```
//Stack.h
#ifndef STACK_H
#define STACK_H
template < typename T >
class Stack
{
  public:
      Stack( int  =10 );
      ~Stack( );
      bool push( const T & );
      bool pop( T & );
      bool isEmpty( ) const
      {
          return top  ==  -1;
      }
      bool isFull( ) const
      {
          return top  ==  size  -  1;
      }
  private:
      int size;
      int top;
      T * stackPtr;
};
template < typename T >
Stack < T > : :Stack( int s ) :size( s >0?  s:10 )
{
    top = -1;
    stackPtr = new T[ size ];
}
template < typename T >
Stack < T > : : ~Stack( )
{
    delete [ ] stackPtr;
}
template < typename T >
```

```
bool Stack < T >::push( const T &pushValue )
{
    if ( ! isFull() )
    {
        stackPtr[ ++top ] = pushValue;
        return true;
    }
    return false;
}
template < typename T >
bool Stack < T >::pop( T &popValue )
{
    if ( ! isEmpty() )
    {
        popValue = stackPtr[ top-- ];
        return true;
    }
    return false;
}
#endif // STACK
```

上面定义了 Stack 这个模板类(使用 Stack.h 为文件名保存)。其中,stackPtr 是指向存放数据的空间的指针,size 是栈存储元素的数量,top 定位最后一个元素的位置。类中主要定义了压栈(存入数据)push、弹栈(取出数据)pop、判断是否为空 isEmpty、判断是否已经存满 isFull 几个成员函数。下面的主函数对 Stack 栈进行了测试:

```
//main.cpp
#include <iostream>
#include "stack.h"
using namespace std;

int main()
{
    Stack < double > doubleStack( 5 );
    double doubleValue = 1.2;
    cout << "Pushing elements into doubleStack" << endl ;
    while( doubleStack.push( doubleValue ) )
    {
        cout << doubleValue << ' ';
        doubleValue += 2;
```

```
    }
    cout <<endl;
    cout << "Stack is full. " << doubleValue <<
    " cannot push into the stack" <<endl;
    cout << "Popping elements from doubleStack" <<endl;
    while( doubleStack.pop( doubleValue ))
        cout << doubleValue << ' ';
    cout <<endl;
    cout << "Stack is empty. " <<endl;
    Stack < int > intStack;
    int intValue = 1;
    cout << "Pushing elements into intStack" <<endl;
    while(intStack.push( intValue ) )
    {
        cout << intValue ++ << ' ';
    }
    cout <<endl;
    cout << "Stack is full. " << intValue <<" cannot push into the stack" <<endl;
    cout << "Popping elements from intStack" <<endl;
    while(intStack.pop( intValue ) )
        cout << intValue << ' ';
    cout <<endl;
    cout << "Stack is empty. " << endl;
    return 0;
}
```

在主函数中，首先定义了一个长度为5的栈，然后对double类型的数据进行压栈和弹栈；之后使用缺省的参数，构造一个长度为10的栈，对int类型的数据进行压栈和弹栈。程序执行后的输出结果为：

```
Pushing elements into doubleStack
1.2 3.2 5.2 7.2 9.2
Stack is full. 11.2 cannot push into the stack
Popping elements from doubleStack
9.2 7.2 5.2 3.2 1.2
Stack is empty.
Pushing elements into intStack
1 2 3 4 5 6 7 8 9 10
Stack is full. 11 cannot push into the stack
Popping elements from intStack
```

```
10 9 8 7 6 5 4 3 2 1
Stack is empty.
```

7.2.2 链表类模板

本小节介绍另外一个类模板——单链表。在计算机数据处理中,数据的逻辑结构主要包含两大类:线性结构和非线性结构。线性表是常见的一种数据逻辑结构。线性表中的各数据元素之间的逻辑结构可以用一个简单的线性结构表示出来,其特征是:除第一个和最后一个元素外,任何一个元素都只有一个直接前驱和一个直接后继;第一个元素无前驱而只有一个直接后继;最后一个元素有一个直接前驱而没有直接后继。

线性表的存储结构主要包括顺序存储结构和链式存储结构。线性表的顺序存储结构可以通过数组的方式实现。当线性表采用链式存储结构,线性表中数据元素称为结点。在线性链表的构造中,除第一个结点之外,其余结点的存储位置由该结点的前驱在其指针域中指出。为了确定线性链表第一个结点的存放位置,使用一个指针变量指向链表的表头,这个指针变量称作"头指针"。线性链表的最后一个结点没有后继,所以该结点的指针域赋值为空(NULL)。

例 7.5 链表类模板。

```
//LinkList.h
#ifndef LINKLIST_H
#define LINKLIST_H
#include <iostream>
using namespace std;
template <typename T>
class LinkNode
{
  public:
      T data;
      LinkNode<T> *next;
      LinkNode(LinkNode<T> *ptr = NULL)
      {
          next = ptr;
      }
      LinkNode(const T &item, LinkNode<T> *ptr = NULL)
      {
          data = item;
          next = ptr;
      }
};
```

```
template < typename T >
class LinkList
{
  public:
      LinkList( )
      {
          head  =  new LinkNode < T > ;
          nodelength = 0;
      }
      ~ LinkList( ) { Clear( ) ; }
      void Clear( ) ;
      int Length( )  const;
      LinkNode < T > *  Find( T &item) ;
      LinkNode < T > *  Locate( int pos) ;
      bool Insert( T item) ;
      bool Insert( T item,  int pos) ;
      bool Remove( int pos) ;
      void Print( )  const;
  private:
      LinkNode < T >   * head;
      int nodelength;
} ;
template < class T >
LinkNode < T > *  LinkList < T > : : Locate( int pos)
{
    int i  =  0;
    LinkNode < T >   * p  =  head;
    if ( pos  <  0)
        return NULL;
    while ( NULL !  =  p && i  <  pos)
    {
        p  =  p -> next;
        i ++ ;
    }
    return p;
}
template < class T >
bool LinkList < T > : : Insert( T item,  int pos)
```

```
{
    LinkNode < T >  * p  =  Locate( pos) ;
    if(  p == NULL)
        return false;
    LinkNode < T >  * node  =  new LinkNode < T > ( item) ;
    if ( node == NULL)
    {
        cout  <<  "分配内存失败!"  <<  endl;
        exit( 1 ) ;
    }
    node -> next  =  p -> next;
    p -> next  =  node;
    nodelength ++ ;
    return true;
}
template < class  T >
bool LinkList < T > : : Insert( T item)
{
    LinkNode < T >  * node  =  new LinkNode < T > ( item) ;
    if ( node = = NULL)
    {
        cout  <<  "分配内存失败!"  <<  endl;
        exit( 1 ) ;
    }
    node -> next  =  head -> next;
    head -> next  =  node;
    nodelength ++ ;
    return true;
}
template < class  T >
bool LinkList < T > : : Remove( int pos)
{
    LinkNode < T >  * p  =  Locate( pos) ;
    if (  p == NULL  | |   p -> next == NULL)
        return false;
    LinkNode < T >  * del  =  p -> next;
    p -> next  =  del -> next;
    delete del;
```

```
    nodelength --;
    return true;
}
template < class T >
void LinkList < T > ::Clear( )
{
    LinkNode < T >  * p  =  NULL;
    while ( (head -> next)!  = NULL)
    {
        p  =  head -> next;
        head - > next  =  p -> next;
        delete p;
    }
    nodelength = 0;
}
template < class T >
void LinkList < T > ::Print( ) const
{
    int count  =  0;
    LinkNode < T >  * p  =  head;
    while ( (p - > next)!  = NULL)
    {
        p  =  p -> next;
        cout << p - > data << " ";
        if( ++count % 5  == 0)              //每隔 5 个元素,换行打印
            cout << endl;
    }
}
template < class T >
int LinkList < T > ::Length( ) const
{
    return nodelength;
}
#endif // LINKLIST_H
```

在上面程序中,为简单起见将结点的成员变量都定义为 public。在 LinkList 链表处理功能的设计中,主要实现的功能有:

①链表的构造函数(构造一个空的链表)。

②链表中结点的插入功能,包括:

a. 结点插入到指定位置；

b. 结点插入在头指针所指的位置(即第一个位置，如图 7.1 所示)。

③删除链表中指定位置的结点(链表中结点的删除，如图 7.2 所示)。

④链表的遍历(即链表结点数据的输出)。

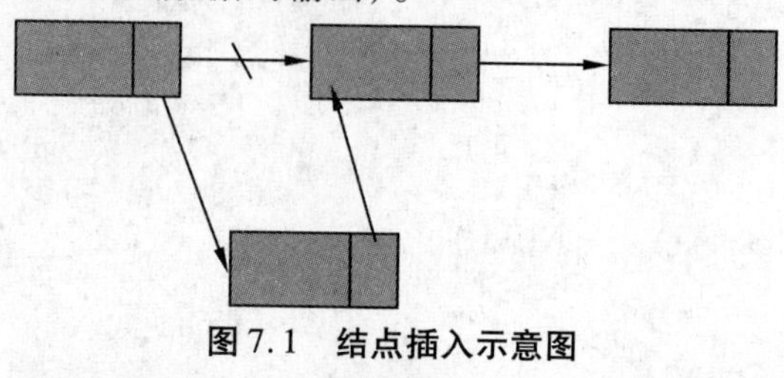

图 7.1　结点插入示意图

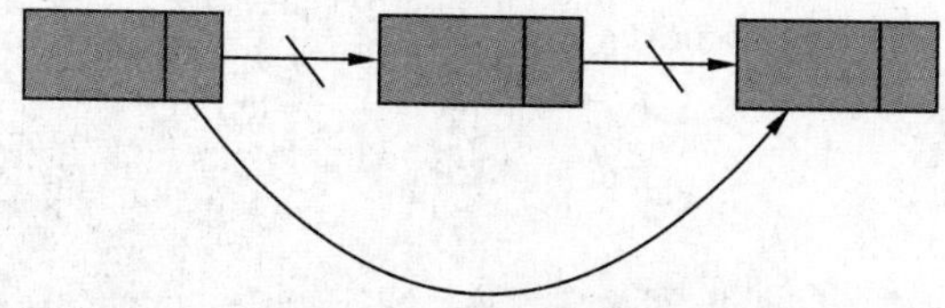

图 7.2　结点删除示意图

对上面设计的 LinkList 类，可以使用以下主函数进行测试：

```
#include <iostream>
#include"LinkList.h"
using namespace std;

int main()
{
    LinkList<int> list = LinkList<int>();
    list.Insert(10);
    list.Insert(8);
    list.Insert(7);
    list.Insert(5,1);
    list.Insert(3);
    list.Insert(2);
    list.Insert(1);
    list.Print();
    cout << endl;
    cout << list.Length() << endl;
    list.Remove(2);
    cout << list.Length() << endl;
    list.Print();
    list.Clear();
    list.Print();
```

```
    cout << endl;
    return 0;
}
```

程序执行后的输出结果为：

```
1  2  3  7  5
8  10
7
6
1  2  7  5  8
10
```

上面程序仅实现了链表的一些基本功能，读者可在此基础上对其进行扩充，如增加使用无参的函数每次删除链表的最后一个结点或链表排序等功能。

7.3 STL 编程

7.3.1 STL 简介

标准模板库（Standard Template Library，STL）是标准 C ++ 语言库的一部分。STL 不仅本身具有强大的功能，而且对其他库的组织也有显著的影响（如微软的 ATL 或 Activex 模板库）。STL 的模板类为 C ++ 语言提供了完善的数据结构。

1. STL 概念

STL（Standard Template Library），即标准模板库，是一个具有工业强度、高效的 C ++ 程序库。它被容纳于 C ++ 标准程序库（C ++ Standard Library）中，是 ANSI/ISO C ++ 语言标准中最新的也是极具革命性的一部分。该库包含了诸多在计算机科学领域里所常用的基本数据结构和基本算法。为广大 C ++ 程序员们提供了一个可扩展的应用框架，高度体现了软件的可复用性。

从逻辑层次来看，在 STL 中体现了泛型化程序设计的思想（Generic Programming），引入了诸多新的名词，比如像需求（Requirements），概念（Concept），模型（Model），容器（Container），算法（Algorithmn），迭代器（Iterator）等。与 OOP（Object-Oriented Programming）中的多态（Polymorphism）一样，泛型也是一种软件的复用技术。

从实现层次看，整个 STL 是以一种类型参数化（Type Parameterized）的方式实现的——模板（Template），模板是构成整个 STL 的基石。除此之外，还有许多 C ++ 语言的新特性为 STL 的实现提供了方便。

STL 的三个基本组成部分是容器（Container）、迭代器（Iterator）和算法（Algorithm）。容器（Containers）部分，是 STL 的一个重要组成部分，一个 STL 容器是对象的集合，容器涵盖了许多数据结构。STL 的容器包括 vector、list、queue、set、map 等。STL 迭代器是对容器中对象统一访问的一种机制，我们可以通过迭代器遍历整个容器，迭代器会依次指向序列中的每一个元素，从而获得容器中的元素。每个容器都有自己的迭代器。STL 算法简单说就是对容器进行处理的函数，主要用于操控各种容器，同时也可以操控内建数组，如 copy、sort、merge 等。

2. STL 的优越性

相比于数组，STL 容器的大小是可以自动变化的。例如，我们在程序中需要使用整数的集合，但又不知道到底需要多少整数。程序员可能会定义一个很大的数组，然后不断地测试数组是否溢出。这样做很容易出错，而且编程工作冗长。

如果使用 STL 容器，那么就不会出现这种情况，STL 容器会根据里面的元素自动增大、减小容量，使得程序更加健壮，而且能更有效地使用内存。同时 STL 还提供了迭代器和大量的算法，使得容器的使用更加灵活和高效，很方便用容器来完成我们应用程序的目标。

STL 是可扩展的。这意味着用户可以增加新的容器和算法，STL 算法可以使用内置或用户定义的容器，这样我们可以根据自己的需求设计容器，使用 STL 算法来完成对容器的操作。STL 的高效性、灵活性、简单性和可扩展性使得 C ++ 程序员非常喜爱 STL 的使用。

7.3.2 STL 容器

容器是 STL 的 3 个主要组成部分之一。在 STL 中，定义了多种容器来满足不同应用程序的需求。STL 还公布了各种容器的时间复杂性和空间复杂性，方便程序员权衡容器的使用。STL 中的常用容器基本可以分为两类：顺序性容器、关联容器（见表 7.1）。

表 7.1 STL 基本容器

容 器	类 型	描 述
vector	顺序容器	按需要伸缩的数组
list	顺序容器	双向链表
deque	顺序容器	两端进行有效插入/删除的数组
set	关联容器	不含重复元素的集合
multiset	关联容器	允许重复元素的集合
map	关联容器	不含重复元素的键值对集合
multimap	关联容器	允许重复元素的键值对集合

下面较为详细地分类介绍几种常见的容器。

1. 顺序性容器

(1) vector

vector 是一种动态数组，在内存中具有连续的存储空间，支持快速随机访问。由于具有连续的存储空间，所以在插入和删除操作方面，效率比较慢。vector 有多个构造函数，默认的构造函数是构造一个初始长度为 0 的内存空间，且分配的内存空间是以 2 的倍数动态增长的，在 push_back 的过程中，若发现分配的内存空间不足，则重新分配一段连续的内存空间，其大小是现在连续空间的 2 倍，再将原先空间中的元素复制到新的空间中，性能消耗比较大,尤其是当元素是非内部数据时(处理非内部数据的构造及拷贝构造函数往往相当复杂)。vector 的另一个常见的问题就是 clear 操作。clear 函数只是把 vector 的 size 清为零,但 vector 中的元素在内存中并没有消除,所以在使用 vector 的过程中会发现内存消耗会越来越多,导致内存泄露。

(2)deque

deque 和 vector 类似,支持快速随机访问。二者最大的区别在于,vector 只能在末端插入数据,而 deque 支持双端插入数据。deque 的内存空间分布是小片的连续,小片间用链表相连,实际上内部有一个 map 的指针。deque 空间的重新分配要比 vector 快,重新分配空间后,原有的元素是不需要拷贝的。

(3)list

list 是一个双向链表,因此它的内存空间是可以不连续的,需要通过指针来进行数据的访问,这使得 list 的随机存储变得非常低效。因此,list 没有提供[]操作符的重载,但 list 可以很好地支持任意地方的插入和删除,只需移动相应的指针即可。

在实际使用时,如何选择这 3 个容器中哪一个,应根据需要而定,一般应遵循下面的原则:

①如果需要高效的随机存取,而不在乎插入和删除的效率,应使用 vector。

②如果需要大量的插入和删除,而不关心随机存取,应使用 list。

③如果需要随机存取,而且关心两端数据的插入和删除,应使用 deque。

2. 关联容器

(1)map

map 是一种关联容器,该容器用唯一的关键字来映射相应的值,即具有 key-value 功能。map 内部自建一棵红黑树(一种自平衡二叉树),这棵树具有数据自动排序的功能,所以在 map 内部所有的数据都是有序的,以二叉树的形式进行组织。map 的插入和删除效率比其他序列的容器高,因为对关联容器来说,不需要做内存的拷贝和移动,只是指针的移动。由于 map 的每个数据对应红黑树上的一个节点,这个节点在不保存数据时,是占用 16 个字节的,一个父节点指针,左右孩子指针,还有一个枚举值(标示红黑色),所以 map 的其中的一个缺点就是比较占用内存空间。

(2)set

set 也是一种关联性容器,它同 map 一样,底层使用红黑树实现,插入删除操作时仅仅移动指针即可,不涉及内存的移动和拷贝,所以效率比较高。set 中的元素都是唯一的,而且默认情况下会对元素进行升序排列。所以在 set 中,不能直接改变元素值,因为那样会打乱原本正确的顺序,要改变元素值必须先删除旧元素,再插入新元素。set 不提供直接存取元素的任何操作函数,只能通过迭代器进行间接存取。

7.3.3 顺序容器

标准库定义了 3 种顺序容器类型:vector、list 和 deque。它们的差别在于访问元素的方式,以及添加或删除元素相关操作的运行代价。

容器本身只定义了少量操作,用于对容器的基本操作。大多数额外操作则由算法库提供。每一种容器都定义了容器的操作,有些操作是所有容器类型都有的,有些操作是某些容器特有的。因此,容器类型的操作集合形成两个大类,一些操作适用于所有容器类型,另外一些操作则只适用于顺序或关联容器类型。

1. 顺序容器的定义

在定义某个容器类型的对象时,必须根据需要使用下面的预处理语句之一包含相应的头文件:

```
#include <vector>
#include <list>
#include <deque>
```

所有的容器都是类模板,要定义某种特殊的容器,必须在类模板的基础之上构造出相应的具体类,即在容器名后加一对尖括号,尖括号里面提供容器中存放的元素的类型。构造形式如下所示:

```
vector<string> svec;            // 用于处理字符串的空 vector
list<int> ilist;                // 用于处理整型数据的空 list
deque<Sales_item> items;        // 用于处理 Sales_items 数据的空 deque
```

所有容器类型都具有默认构造函数,用于创建指定类型的空容器对象。默认构造函数不带参数。当不使用默认构造函数,而是用其他构造函数初始化顺序容器时,必须指出该容器有多少个元素,并提供这些元素的初值。同时指定元素个数和初值的一个方法是将新创建的容器初始化为一个同类型的已存在容器的副本。例如:

```
vector<int> ivec;
vector<int> ivec2(ivec);        // ok: ivec is vector<int>
list<int> ilist(ivec);          // error: ivec is not list<int>
vector<double> dvec(ivec);      // error: ivec holds int not double
```

将一个容器复制给另一个容器时,类型必须匹配:容器类型和元素类型都必须相同。容器元素初始化的形式见表 7.2。

表 7.2　容器元素的初始化

C<T> c;	创建一个名为 c 的空容器。C 是容器类型名,如 vector,T 是元素类型,如 int 或 string 适用于所有容器
C<T> c(c2);	创建容器 c2 的副本 c;c 和 c2 必须具有相同的容器类型,并存放相同类型的元素。适用于所有容器
C<T> c(b, e);	创建 c,其元素是迭代器 b 和 e 标示的范围内元素的副本。适用于所有容器
C<T> c(n, t);	用 n 个值为 t 的元素创建容器 c,其中值 t 必须是容器类型 C 的元素类型的值,或者是可转换为该类型的值。只适用于顺序容器
C<T> c(n);	创建有 n 个值初始化(value-initialized)元素的容器 c。只适用于顺序容器

2. 顺序容器的使用

各种顺序容器的使用方法基本相似,下面是使用 vector 的示例,vector 主要的函数有:

push_back(t)　　用于添加元素;
pop_back()　　弹出容器中最后一个元素;
size()　　用于获取 vector 容量;
empty()　　用于判断 vector 是否为空。

例 7.6　vector 的使用方法示例。

```
#include <iostream>
#include <vector>
#include <iterator>
using namespace std;

int main()
{
    vector<int> vi;
    cout << "the length of vi is:" << vi.size() << endl;
    vi.push_back(1);
    vi.push_back(2);
    vi.push_back(3);
                                                    //遍历 vector
    for(vector<int>::size_type i = 0;i < vi.size();i++)
        cout << "v[" << i << "] = " << vi[i] << endl;
                                                    //使用迭代器遍历 vector
    for(vector<int>::iterator iter = vi.begin(); iter != vi.end();  ++iter)
        cout << *iter << endl;
    return 0;
}
```

上面程序给出了 vector 的一些常用操作,在 vector 尾部添加元素使用 push_back(t),计算 vector 的容量大小使用 size()。对于 vector 容器中元素的遍历给出了两种方式:一种方式是类似数组一样使用下标操作;另一种是使用 iterator 迭代器来遍历容器元素。程序执行后的输出结果是:

```
the length of vi is:0
v[0] =1
v[1] =2
v[2] =3
1
```

2

3

容器仅受容器元素类型的约束,所以可定义元素是容器类型的容器。例如,可以定义vector 类型的容器 lines,其元素为 string 类型的 vector 对象,如:

```
vector < vector < string >  > lines;          // vector of vectors
```

在上面的语句中应特别注意,指定容器元素为容器类型时,必须在外层尖括号和内层的右边尖括号之间用空格分隔。例如:

```
vector < vector < string >> lines;          // 正确,两个右尖括号之间用空格隔开
vector < vector < string >> lines;          // 错误,两个右尖括号之间没有空格
```

7.3.4 关联容器

关联容器是标准库中的另外一种重要容器类型。关联容器和顺序容器的本质差别在于:关联容器通过键(key)存储和读取元素,而顺序容器则通过元素在容器中的位置顺序存储和访问元素。

关联容器(Associative Containers)支持通过键来高效地查找和读取元素。两个基本的关联容器类型是 map 和 set。map 的元素以键—值(key—value)对的形式组织,键用作元素在 map 中的索引,而值则表示所存储和读取的数据。set 仅包含一个键,并有效地支持关于某个键是否存在的查询。

一般来说,如果希望有效地存储不同值的集合,那么使用 set 容器比较合适,而 map 容器则更适用于需要存储(乃至修改)每个键所关联的值的情况。例如,在处理某种文本数据时,可使用 set 保存要忽略的单词;而字典则是 map 的一种很好的应用,在处理时用单词本身作为键,用单词本身的意义(解释说明)作为对应的值。

set 和 map 类型的对象所包含的元素都具有不同的键,不允许为同一个键添加第二个元素。如果一个键必须对应多个实例,则需使用 multi map(多元 map) 或 multi set(多元 set),这两种类型允许多个元素拥有相同的键。

基于顺序容器的很多操作都可以在关联容器上使用,因此,关联容器共享大部分顺序容器操作。但也有很多在顺序容器上允许的操作关联容器并不支持,例如,关联容器不支持 front、push_front、pop_front、back、push_back 以及 pop_back 等操作。

1. map 类型

map 是键—值对的集合。map 类型通常可理解为关联数组(Associative Array):可使用键作为下标来获取一个值,如数组类型一样。而关联的本质在于元素的值与某个特定的键相关联,而并非通过元素在数组中的位置来获取。要使用 map 对象,则必须包含 map 头文件:#include < map >,定义 map 对象时,必须分别指明键和值的类型。例如:

```
map < string, int > word_count;
```

map 的构造函数包含以下几种形式:

```
①map < k,v > m;                  //创建了一个名为 m 的空 map,键的类型是 k,
                                    值的类型是 v
```

②map<k,v> m(m2);　　　　　// 创建名为m的map,m的内容和m2相同

③map<k,v> m(b,e);　　　　// 创建名为m的map,存储迭代器b和e标记范围内的所有元素副本

map对象的元素是键—值对,也即每个元素包含两个部分:键以及由键关联的值。map的value_type就反映了这个事实。该类型比前面介绍的容器所使用的元素类型要复杂得多:value_type是存储元素的键以及值的pair类型,而且键为const。例如:map<string,int> word_count;中,word_count的value_type为pair<const string, int>类型。

例7.7　map的使用示例。

```
#include <iostream>
#include <map>
using namespace std;

int main()
{
    char stringc[10] = {'a','d','f','e','b','d','f','e','d','a'};
    int i;
    map<char,int> word_count;
    for(i=0;i<26;i++)
        word_count.insert(make_pair('a'+1,0));
    for(i=0;i<10;i++)
        word_count[stringc[i]]++;
    for(i=0;i<26;i++)
    {
        char c = 'a'+i;
        cout << c << ":" << word_count[c] << endl;
    }
    return 0;
}
```

在上面程序中,通过insert函数添加key—value对到map中,程序中通过表达式:make_pair(key,value)形成key—value对,然后通过insert函数添加到map中。程序运行的结果如下所示:

```
a:2
b:1
c:0
d:3
e:2
f:2
g:0
```

h:0

i:0

j:0

k:0

l:0

m:0

n:0

o:0

p:0

q:0

r:0

s:0

t:0

u:0

v:0

2. set 类型

与 map 容器是键—值对的集合不同，set 容器只是单纯的键的集合。处理类似在一个有限整数集合，判断一个值是否存在的问题时，使用 set 容器是最适合的。例如，查看整数 10 是否存在于 set 中。

程序中要使用 set 容器，必须包含 set 头文件。set 支持的操作基本上与 map 提供的相同。

与 map 容器一样，set 容器的每个键都只能对应一个元素。以一段范围的元素初始化 set 对象，或在 set 对象中插入一组元素时，对于每个键，事实上都只添加了一个元素。

例 7.8　set 的用法示例。

```
#include <iostream>
#include <vector>
#include <set>
using namespace std;

int main()
{
    vector<int> ivec;
    ivec.push_back(1);
    ivec.push_back(3);
    ivec.push_back(5);
    ivec.push_back(7);
    set<int> iset(ivec.begin(),ivec.end());
```

```
    cout << " size of set:" << iset.size() << endl;
    for( set < int > ::iterator iterset = iset.begin();iterset! = iset.end();iterset ++ )
        cout << * iterset << endl;

    return 0;
}
```

从上面程序看出,set 的用法和 map 类似。可以通过 vector 来构建 set。但需要注意,set 不支持下标操作,要遍历 set 容器中的元素,最好的办法就是使用迭代器。另外,set 容器中存储的只有键,必须是唯一的,而且不能修改。程序运行的结果如下所示:

```
size of set:4
1
3
5
7
```

7.3.5 STL 算法

STL 算法是用来处理容器内的元素,它们可以搜寻、排序、修改、使用那些元素。STL 算法是一种应用在容器上、用各种方法处理容器内元素的行为或功能。STL 有大量用来处理容器的算法。如同 STL 容器用模板类实现一样,STL 算法由模板函数实现。这些函数不是容器类的成员函数,是独立的函数,它们可以用于 STL 容器,也可以用于普通的 C ++ 数组等。

STL 算法部分主要由头文件 <algorithm>, <numeric>, <functional> 组成。要使用 STL 中的算法函数必须包含头文件 <algorithm>,对于数值算法须包含 <numeric>,而 <functional> 中则定义了一些模板类,用来声明函数对象。STL 中算法大致分为以下 4 类:

①非可变序列算法:处理容器中的数据而不改变容器内容的算法。

②可变序列算法:指可以修改它们所操作的容器内容的算法。

③排序算法:包括对容器中的值进行排序和合并的算法、搜索算法以及有序容器上的集合操作。

④通用数值算法:对容器内容进行数值计算。

1. 非可变序列算法

①线性查找: find; find_if; adjacent_find; find_first_of。

②子序列匹配: search; find_end; search_n。

③计算元素个数: count; count_if。

④遍历元素: for_each。

⑤比较: equal; mismatch; lexicographical_compare。

⑥最大值与最小值: min; max; min_element; max_element。

2. 可变序列算法

①复制区间: copy; copy_backward。

②互换元素：swap；iter_swap；swap_ranges。

③数据转换：transform。

④替换元素：replace；replace_if；replace_copy；replace_if。

⑤填充整个区间：fill；fill_n；generate；generate_n。

⑥移除元素：remove；remove_if；remove_copy；remove_copy_if；unique；unique_copy。

⑦排列算法：reverse；revers_copy；rotate；rotate_copy；next_permutation；prev_permutation。

⑧分割：partition；stable_partition。

⑨随机重排与抽样：random_shuffle；random_sample；random_sample_n。

3. 排序和查找

①排序：sort；stable_sort；partial_sort；partial_sort_copy；nth_element；is_sorted。

②二分查找：binary_search；lower_bound；upper_bound；equal_range。

③合并：merge；inplace_merge。

④已排序区间的集合操作：includes；set_union；set_intersection；set_difference；set_symmetric_difference。

⑤堆操作：make_heap；push_heap；pop_heap；sort_heap；is_heap。

4. 数值算法：

accumulate；inner_product；partial_sum。

STL算法非常多，本小节仅介绍一些较为常见的算法，其他算法可以参考STL库的相关文档。下面通过示例程序的方式介绍常用STL算法的使用方法。为简单起见，程序中用数组作为STL算法操作的数据结构（很多容器是基于数组实现的，所以算法可以在数组上使用）。

例7.9 可变序列算法使用示例。

```
#include <iostream>
#include <algorithm>
#include <iterator>
using namespace std;

int main(void)
{
    int arr0[6] = {1,12,3,2,1215,90};
    int arr1[7];
    int arr2[6] = {2,5,6,9,0,-56};
    copy(arr0,(arr0+6),arr1);                    //将数组aar复制到arr1
    cout << "arr0[6] copy to arr1[7],now arr1:" << endl;
    for(int i=0; i<7; i++)
        cout << " " << arr1[i];
```

```
    reverse(arr0,arr0 +6);                                    //将排好序的 arr 翻转
    cout << "\n" << "arr reversed ,now arr:" << endl;
    copy(arr0,arr0 +6,ostream_iterator < int >(cout, " "));   //复制到输出迭代器
    swap_ranges(arr0,arr0 +6,arr2);                          //交换 arr0 和 arr2 序列
    cout << "\n" << "arr0 swaped to arr2, and now arr0's content:" << endl;
    copy(arr0,arr0 +6,ostream_iterator < int >(cout, " "));
    cout << "\n" << "arr2:" << endl;
    copy(arr2,arr2 +6,ostream_iterator < int >(cout, " "));
    cout << endl;
    return 0;
}
```

上面程序运行后的输出结果是：

```
arr0[6] copy to arr1[7],now arr1:
1 12 3 2 1215 90 -858993460
arr reversed ,now arr:
90 1215 2 3 12 1
arr0 swaped to arr2, and now arr0's content:
2 5 6 9 0 -56
arr2:
90 1215 2 3 12 1
```

如果希望将 STL 算法应用在容器上，如应用再在 vector 上。首先根据数组创建容器。然后在算法函数中使用容器就可以了。如下所示的代码段：

```
vector < int > v0(arr0,arr0 +6);                   //用数组数据创建 vector 容器
vector < int > v1(arr1,arr1 +7);
vector < int > v2(arr2,arr2 +6);
copy(v0.begin(),v0.end(),v1.begin());//在算法函数(copy)中使用 vector 容器
```

例 7.10　非可变序列算法使用示例。

```
#include <iostream>
#include <vector>
#include <algorithm>
using namespace std;
int main(void)
{   int a[10] = {12,31,5,2,23,121,0,89,34,66};
    vector < int > v1(a,a +10);
    //result1 和 result2 是随机访问迭代器
    vector < int >::iterator result1,result2;
    result1 = find(v1.begin(),v1.end(),2);
    result2 = find(v1.begin(),v1.end(),8);
```

```
    cout << result1 - v1.begin() << endl;
    cout << result2 - v1.end() << endl;
    int b[9] = {5,2,23,54,5,5,5,2,2};
    vector<int> v2(a+2,a+8);
    vector<int> v3(b,b+4);
    result1 = search(v1.begin(),v1.end(),v2.begin(),v2.end());
    cout << *result1 << endl;
    //在 v1 中找到了序列 v2,result1 指向 v2 在 v1 中开始的位置
    result1 = search(v1.begin(),v1.end(),v3.begin(),v3.end());
    cout << *(result1 - 1) << endl;
    //在 v1 中没有找到序列 v3,result 指向 v1.end(),屏幕打印出 v1 的最后一个元
      素 66
    vector<int> v4(b,b+9);
    int i = count(v4.begin(),v4.end(),5);
    int j = count(v4.begin(),v4.end(),2);
    cout << "there are " << i << " members in v4 equel to 5" << endl;
    cout << "there are " << j << " members in v4 equel to 2" << endl;
    return 0;
}
```

上面程序中,使用 find 函数在容器中查找单个元素,程序执行后的输出结果是:

```
3
0
5
66
there are 4 members in v4 equel to 5
there are 3 members in v4 equel to 2
```

例 7.11 排序算法使用示例。

```
#include <iostream>
#include <algorithm>
using namespace std;

int main(void)
{
    int a[10] = {12,0,5,3,6,8,9,34,32,18};
    int b[5] = {5,3,6,8,9};
    int d[15];
    sort(a,a+10);
    cout << "Sorted a[10]:";
```

```
    for(int i=0; i<10; i++)
        cout << a[i] << " ";
    sort(b,b+5);                                    //3 5 6 8 9
    if(includes(a,a+10,b,b+5))                      //一个数组是否包含另外一个数组
        cout << "\n" << "sorted b members are included in a." << endl;
    else
        cout << "sorted a dosn't contain sorted b!";
    merge(a,a+10,b,b+5,d);                          //合并
    cout << "a[10] = {12,0,5,3,6,8,9,34,32,18};\n";
    cout << "b[5] = {5,3,6,8,9};\n";
    cout << "merge(a,a+10,b,b+5,d);\n ";
    cout << "then d[15]:\n";
    for(int j=0; j<15; j++)
        cout << d[j] << " ";
        cout << endl;
    return 0;
}
```

上面程序中,主要描述的sort函数和merge函数的使用方法。排序函数sort使用方法非常简单,只需要指出数组或容器的开始和结束位置即可实现排序。合并函数merge的功能则是将两个数组或容器的元素合并到一个数组或容器中。程序运行后的输出结果是:

```
Sorted a[10]:0 3 5 6 8 9 12 18 32 34
sorted b members are included in a.
a[10] = {12,0,5,3,6,8,9,34,32,18};
b[5] = {5,3,6,8,9};
merge(a,a+10,b,b+5,d);
then d[15]:
0 3 3 5 5 6 6 8 8 9 9 12 18 32 34
```

7.3.6 函数对象

函数对象就是重载了"()"操作符的对象,也就是说如果一个类重载了"()"操作符,由它创建的对象就是函数对象。

因为函数对象本身是一个类的实例,因此,它可以有自己的成员。这样,可以用这些成员保存一些普通函数不能轻易保存的(但可以通过静态局部变量和全局变量保存)的信息。同时,通过这个类的其他方法,可以对它的成员变量进行初始化和检查。

函数对象是比函数更加通用的概念,因为函数对象可以定义跨越多次调用的可持久的部分(类似静态局部变量),同时又能够从对象的外面进行初始化和检查(和静态局部变量不同)。

尽管函数指针被广泛用于实现函数回调,但C++语言还提供了一个重要的实现回调

函数的方法，那就是函数对象。由于函数对象是重载了"( )"操作符的普通类对象。因此从语法上讲，函数对象与普通的函数行为类似。

用函数对象代替函数指针有几个优点。首先，因为对象可以在内部修改而不用改动外部接口，因此设计更灵活，更富有弹性。函数对象也具有存储先前调用结果的数据成员。在使用普通函数时需要将先前调用的结果存储在全局或者本地静态变量中，但是全局或者本地静态变量有某些我们不愿意看到的缺陷。其次，在函数对象中编译器能实现内联调用，从而更进一步增强了性能，而使用函数指针中几乎不可能实现这种特性。

函数对象的定义，就是声明一个普通的类并重载"( )"操作符，例如：

```
class  Test
{
  public:
      int operator( ) (int n) { return 2 * n;}
};
```

在这种重载操作语句中，一定要注意第一个圆括弧总是空的，因为它代表重载的操作符名；第二个圆括弧是参数列表。一般在重载操作符时，参数数量是固定的，而重载"( )"操作符时有所不同，它可以有任意多个参数。

由于在 Test 中内建的操作是一元的（只有一个操作数），重载的"( )"操作符也只有一个参数。可以使用如下所示的 mian 函数中来测试一下函数对象：

```
int main(void)
{
    Test t;
    int result = t(3);
    cout << result << endl;
    return 0;
}
```

注意在上面的主函数中，t 是一个对象而不是函数。编译器将语句 int result = t(3)；转化为 int result = t. operator( )(3)；，即在执行时将参数 3 传递到重载( )运算符的参数，调用运算符重载的函数体，执行完主函数后，应得到输出结果 6。

函数对象本质上是类的对象，因此，我们可以在设计的类模板使用函数对象，也就是将重载的操作符"( )"定义为类成员模板，以便函数对象适用于任何数据类型。可以进一步地使用模板概念来修改函数对象，使得应用程序变得更加通用。

例 7.12　类模板函数对象使用示例。

```
#include  < iostream >
#include  < algorithm >
#include  < iomanip >
using namespace std;
template < typename type >  class Test
{
```

```
    public:
        type operator() (type n);
};
template < typename type > type Test < type > ::operator() (type n)
{
    return 2 * n;
}

int main(void)
{
    Test < int > t;
    int result = t(3);
    Test < double > ft;
    double fresult = ft(2.3);
    cout << setprecision(8);
    cout << result << endl;
    cout << fresult << endl;
    return 0;
}
```

上面程序中,对()运算符重载使用了模板,使得接收的参数就不仅仅局限于 int,可以根据需要将 int、float、double、char 等类型的数据作为函数对象的参数。程序中描述了使用 int 和 double 两种类型参数的情况,程序运行后的输出结果是:

```
6
4.6
```

习　题

一、单项选择题

1. 模板的类型参数的关键字是(　　)。

A. template　　B. typename　　C. T　　D. int

2. 对一批仅仅成员数据类型不同的类的抽象是(　　)。

A. 多态　　B. 抽象类　　C. 类模板　　D. 类

3. template < typename T, int n >

```
class A
{
    public:
        A();
        void function(T s);
```

```
    private:
        T myArray[n];
}
```

那么实例化正确的是(　　)。

A. A <int,5>　　B. A <int,int>　　C. A <5,int>　　D. A <float,int>

4. 创建一个名为 c 的空容器,C 是容器类型名。下列正确的是(　　)。

A. C <T> c(c2)　　B. C <T> c　　C. C <T> c();　　D. C <T> c(b,e)

5. 使用类模板,就必须显示指定模板(　　)。

A. 变量　　B. 类型　　C. 形参　　D. 实参

6. 声明类模板时,形参具有类型或值的默认实参值,那么在实例化类模板时(　　)。

A. 必须使用默认实参值

B. 必须指定实参值

C. 可以使用默认参数和指定参数

D. 只能指定实参或者只能使用默认实参值

7. 整个 STL 是以一种类型参数化(type parameterized)的方式实现的,即(　　)。

A. 多态　　B. 封装　　C. 抽象　　D. 模板

8. 下面不是 STL 三个基本组成的是(　　)。

A. 容器　　B. 算法　　C. 模板　　D. 迭代器

9. 下列不是顺序容器的是(　　)。

A. vector　　B. set　　C. list　　D. deque

10. ()运算符重载的参数有(　　)。

A. 1 个　　B. 2 个　　C. 0 个　　D. 任意多个

二、程序设计

1. 设计一个类模板,能够存储不同类型的数据,包括简单数据类型和复杂数据类型,本题要求实现可以存储 int 和结构 Student 类型。结构 Student 包括学分和平均分、能够存储数据并且能够输出数据。

2. 编写一个使用类模板对数组进行排序、求元素和的程序。

3. 设计一个类模板来实现一个模拟动态数组,即在程序使用该模板类的时候,才指定数组大小,并实现数组元素查找。

4. 编程实现下列功能:创建一个空的 vector,向该 vector 添加数据元素 1,4,6,2,7,3,5。将 vector 中的元素按升序排序并使用迭代器遍历输出。元素排序须采用函数实现。

5. 使用映射(map),建立阿拉伯的数字 0 ~ 9 和英文单词 Zero ~ Nine 的映射关系,并根据输入阿拉伯数字,输出英文数字。

6. 定义一个泛型函数,实现下列功能:计算出容器中大于或者小于某个值的集合。该函数有一个传递参数为函数对象,用于控制是大于还是小于。

第8章

异常处理

在应用程序的设计过程中,仅仅保证程序的正确性是不够的,还需要考虑程序的健壮性。即要保证当程序运行的环境条件发生异常时,或者用户没有采用正确的操作方法时,程序也要给出一个合理的响应。因此,程序员在设计、编写代码时,就要预先充分考虑到各种情况的发生,并在程序中给出适当的处理。

8.1 异常处理概念

8.1.1 异常的概念

所谓异常指的是,应用程序在运行时出现的各种不正常的错误。这些错误大概分为三类:

①编译错误。编译器在编译程序时发现的错误,这是最浅层次的错误,属于语法错误,这种错误可以根据编译器提示的错误纠正。

②运行时错误。这种错误在编译调试时是无法发现的,只有在运行时才出现,往往是由系统环境引起的,属于可以预料但不可避免的错误,必须由语言的某种机制予以控制。

③程序逻辑错误。这种错误主要是设计时的缺陷,由于语法上没有错误,所以编译器无法发现错误,但程序运行的结果是错误的或者不合理的。这种错误只能靠人工分析跟踪排除。一般情况下,我们可以通过编译器的单步调试来逐步排除错误,简单的甚至可以通过输出语句来找出错误的位置。

编译错误和逻辑错误都可以在程序运行前解决。但运行时错误在程序的运行过程中,有可能会出现,也可能不会出现,出现与否取决于程序运行的系统环境。例如,假设一个程序的功能是将用户输入的两个整数相加后输出,程序功能可以用如下代码段描述:

```
int num1 , num2;
cin >> num1;
```

```
cin >> num2;
cout << " sum is :" <<  num1  +  num2 << endl;
```

这里 num1 和 num2 用来存储用户输入的整数,代码段能够通过编译。但在输入数据的时候,由于人为因素输入非数字的可能是存在的,这样就存在了潜在的危险。一个健壮的应用程序应该能够在程序交付运行之前处理类似这样的问题。

异常处理就是去处理运行时的错误,例如运行时文件不存在或遇到意外的非法输入等。异常是存在于程序的正常功能之外的、迫使程序不能继续正常执行的事件。一个健壮的程序就是要根据一定的规范,在程序中设置程序触发,一旦出现异常,则根据异常处理方法解决问题。

8.1.2　C ++ 语言的异常处理机制

程序运行中出现异常时,传统上常使用的处理方法有两种,一种方法是直接调用 abort 或者 exit 函数,终止程序的运行;另一种方法是通过函数的返回值来进行异常的判断,但如果一个函数有多个返回值的时候会比较麻烦,同时也会花费不必要的判断返回值的时间开销。

1. 异常处理机制

C ++ 语言为异常处理直接提供了内部支持,这就是 C ++ 语言的异常处理机制。C ++ 语言的异常处理机制是一个有效地处理运行时错误的非常强大且灵活的工具,它提供了更多的弹性、安全性和稳固性,克服了传统方法所带来的问题。

C ++ 语言的异常处理机制主要通过 3 个关键字:throw 、try、catch 来实现。一种异常处理方式是使用 try、catch 语句块。主要形式是:

```
try
{
    //程序语句序列
} catch(异常对象 1)
{
    //异常处理代码段 1
} catch(异常对象 2)
{
    //异常处理代码段 2
}
    …
```

在这种异常处理形式中,try 和 catch 是配套使用的,一个 try 语句块可以对应一个或者多个 catch 语句块。如果在 try 语句块的程序段中(包括在其中调用的函数)发现了异常,且抛弃了该异常,则这个异常就可以被 try 语句块后的某个 catch 语句所捕获并处理,捕获和处理的条件是被抛弃的异常的类型与 catch 语句的异常类型相匹配。

另外一种异常处理是用 throw 语句抛出异常。当程序运行时检测到异常发生,则抛出异常。该语句的格式为:

throw 表达式;

throw 和 try、catch 语句块的不同在于:throw 只是在发生异常时将异常抛出,本身并不处理异常,异常的处理交由调用者处理。而 try、catch 语句块则是在 try 语句块中发现异常,在 catch 语句块中处理异常。只有自己本身不能处理的异常才交由调用者来处理。两种异常处理的区别如图 8.1 所示。

```
抛掷异常的程序段          捕获并处理异常的程序段
                          try
Func()                    {
{                            复合语句
  throw  表达式;             func();
}                         }
                          catch(异常类型声明)
                             复合语句
                          catch(异常类型声明)
                             复合语句
```

图 8.1 throwt 和 try、catch 语句块的区别

例 8.1 零除数异常处理示例。

```
#include <iostream>
using namespace std;

int Div(int x,int y)
{
    if(y ==0)
        throw y;
    return x/y;
}

int main()
{
    try
    {
        cout << "5/2 =" << Div(5,2) << endl;
        cout << "8/0 =" << Div(8,0) << endl;
        cout << "5/3 =" << Div(5,3) << endl;

    }catch(int)
    {
        cout << "except of div zero" << endl;
    }
    return 0;
}
```

上面程序能够发现运行时用0作除数的异常。在程序的try语句块中,调用Div(5,2)时并不会触发异常,程序正常执行;当调用Div(8,0)时,触发异常,Div函数抛出异常y,而异常的处理交由调用者(主函数main)进行处理解决,通过catch捕获异常并处理异常。程序执行的结果如下所示:

```
5/2 =2
except of div zero
```

从程序执行的结果可以看到:异常处理后,try语句块触发异常的语句之后的语句并没有执行,程序不会在处理完异常后再返回来继续执行try块中的后续语句。

2. 异常的接口声明

程序设计时,为了加强程序的可读性,使函数的用户能够方便地知道所使用的函数会抛出哪些异常,可以在函数的声明中列出这个函数可能抛出的所有异常类型。例如,函数原型声明:void fun( ) throw(A,B,C,D);就这表明函数fun可能并且只可能抛出类型(A,B,C,D)及其子类型的异常。

如果函数的原型声明中没有包括异常的接口声明,则此函数可以抛出任何类型的异常。例如函数原型声明:void fun( );表示其有可能抛出任何类型的异常。

也可以在函数的原型声明中指出该函数不会抛出任何异常。例如,函数原型声明:void fun( ) thow( );就表示函数fun不会抛出任何类型异常。

3. 异常处理中的构造和析构

C ++语言程序运行过程中,当找到一个类型匹配的catch子句后,如果该catch子句的异常类型声明是一个传值型参数,那么初始化异常类型声明参数的方式就是将抛出的异常对象复制一份,传出该程序段;如果该catch子句的异常类型声明为一个传地址类型的参数,那么初始化异常类型声明参数的方式就是将该参数位置的引用(指针或引用)指向异常类对象的地址。当catch子句的异常类型声明参数初始化后,便进入catch子句的运行栈,在这一阶段中就包括将从对应的try语句块开始到异常抛出点之间已经构造但尚未析构的所有对象自动调用其析构函数进行析构(析构与构造的顺序是相反的)。

例8.2 异常处理中的构造和析构示例。

```
#include <iostream>
using namespace std;
class Test
{
  public:
      Test( )
      {
        cout << "调用构造函数" << endl;
      }
    ~Test( )
      {
```

```
            cout << "调用析构函数" << endl;
        }
};
void testfun()
{
    Test ts;
    throw 5;
}
int main()
{
    try
    {
        testfun();
    }catch(int x)
    {
        cout << "捕获异常" << x << endl;        //执行该语句前会先析构对象 ts
    }
    return 0;
}
```

上面程序的 testfun 函数调用过程中,执行 Test ts;语句时调用了构造函数创建 ts 对象,随后抛出了异常。在 catch 语句段中捕获了抛出的异常,处理时首先会将 try 里面构造了的对象析构,然后才会执行其他的语句。运行结果是:

调用构造函数
调用析构函数
捕获异常 5

8.2 异常处理的嵌套和重抛异常

8.2.1 异常处理嵌套

C++语言程序中,使用 try、catch、throw 就可以进行异常处理。如果在 try 语句块或者 catch 语句块中,又包含了 try 或者 catch 语句块,这种情形称为异常处理的嵌套。下面的例 8.3 说明了异常处理嵌套的使用。

例 8.3 异常处理嵌套使用示例。

```
#include <iostream>
#include <exception>
using namespace std;
```

```
void f( int y)
{
    try
    {
        if( y ==0) throw 0;
        if( y >50) throw 'a';
          try
          {
              if( y <20 && y >10) throw 1;
          }
          catch( float x)
          {
              cout << "float "  << x << " is throw"  << endl;
          }
        cout << "it is ok" << endl;
    }
    catch( char c)
    {
        cout  << "char "  << c  << " is throw" << endl;
    }
    catch( int i)
    {
      cout << "int " << i << " is throw"  << endl;
    }
}
int main ( )
{
    f(3);
    f(0);
    f(51);
    f(15);
    return 0;
}
```

上面程序运行过程中,执行 f(3);语句时,不管是外层 try 和内层 try 语句块中,都没有抛出异常,那么不会执行 catch 语句块,程序正常执行输出结果“it is ok”。执行 f(0);语句时,外层 try 语句块中会抛出一个 int 异常“0”,在外层 catch 语句块中找到匹配的 catch 语句块,即 catch(int i),输出“int 0 is throw ”。执行 f(51);语句时,外层 try 块抛出一个字符类的异常,对应匹配的是 catch(char c);,程序输出“char a is throw”。执行 f(15);语句时,外层 try 并没有抛出异常,而是由内层的 try 抛出的异常(int 类型的数字"1"),但内层 try 对象的 catch 语句块捕获的异常类型是 float 类型,而抛出的是一个 int 类型的,所以内层的 catch 并不能处理这个异常。当出现内层处理不了的异常时,会继续向外层查找,发现外层的 try 对应的 catch 语句块中有一个可以处理,即 catch(int i),所以执行这个 catch 来处理内层抛出的这个异常。程序执行后的输出结果是:

```
it is ok
int 0 is throw
char a is throw
int 1 is throw
```

从上面的分析可以得出一个结论:异常处理是从内到外的查找,直到找到可以处理异常的 catch 语句块为止;如果所有的 catch 都不能处理时,则异常交由编译器处理。

8.2.2 异常的重新抛出

在异常处理中,可能会出现这样的情况:当 catch 语句捕获一个异常后,自己不能完全处理被捕获的异常,完成某些操作后,该异常必须由函数链中更上级的函数来处理。这种情况下,catch 子句可以重新抛出(rethrow)该异常,把异常传递给函数调用链中更上级的另一个 catch 子句,由它进行进一步处理。重新抛出异常仅需直接使用关键字 throw 就可以了,因为异常类型在 catch 语句中已经明确了。重新抛出异常的语句形式为:

```
throw;
```

被重新抛出的异常就是原来的异常对象,但重新抛出异常的 catch 子句应该把自己已经做过的工作告诉下一个处理异常的 catch 子句,往往要对异常对象做一定修改,以表达某些信息。因此,catch 子句中的异常声明必须被声明为引用,这样修改才能真正做在异常对象自身中。含有重新抛出异常的代码段一般形式如下:

```
catch(errortype & eObj)
{
  … //对异常的处理
  throw;
}catch(errortype & eObj)
{
  … //对异常的处理
  throw;
}
```

例 8.4 异常的重新抛出示例。

```
#include <iostream>
#include <exception>
using namespace std;

void f(int y)
```

```
{
    try
    {
        if(y ==0) throw 0;
        if(y >50) throw 'a';
        try
        {
            if(y <20 && y >10) throw 1;
        }
        catch(int & x)
        {
            x ++;
            cout  << x << " is handle"  <<  endl;
            throw;
        }
        cout << "it is ok" << endl;
    }
    catch(char c)
    {
            cout  << "char "  << c  << " is throw" << endl;
    }
    catch(int i)
    {
            cout  << "int " << i << " is throw"  << endl;
    }
}

int main ()
{
    f(15);
    return 0;
}
```

上面程序中,内层 catch 的异常类型用 int & x 表示,在执行 f(15)时,由于是内层 try 抛出的异常,首先检查内层的 catch 并进行处理,当内层 catch 执行到 throw;语句时将异常再一次抛出,外层 catch(int i)捕获到该异常,再一次进行处理。程序运行后输出的结果是:

```
2 is handle
int 2 is throw
```

8.3 标准异常处理类

8.3.1 标准异常处理类概念

C ++ 语言标准程序库中提供了异常的分类,这些标准异常类构成了一个继承关系的层次。C ++ 语言标准程序库异常类继承层次中的根类为 exception,其定义在 exception 头文件中,它是 C ++ 语言标准程序库所有函数抛出异常的基类,异常类的层次结构如图 8.2 所示。

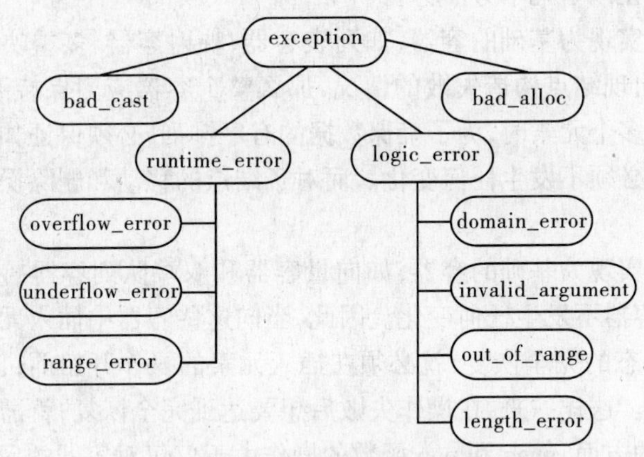

图 8.2 异常类的层级结构图

标准异常类可以直接用于许多应用程序,应用程序也可以通过从 exception 类或者中间基类派生附加类型来扩充 exception 层次,用以表示特定于某个应用程序领域的异常类型。下面具体介绍 exception 类的几个派生类的使用场合。

1. bad_alloc 异常

在程序执行期间,当全局操作符 new 运算出现申请内存失败时抛出该异常。

2. bad_cast 异常

在程序执行期间,如果动态类型转换操作失败,有 dynamic_cast 抛出该异常。

3. runtime_error 异常类

该类的派生异常类是几个其他异常类的基类,该异常类用于指出只能在程序运行时才能发现的错误。常见的有以下几类异常:

①range_error:当内部计算发生区间错误时产生。

②overflow_error:当发生运算上溢错误时产生。

③underflow_error:当发生运算下溢错误时产生。

4. logic_error 逻辑异常类

C ++ 语言标准程序库异常总是派生自该类。该类表示程序逻辑中的错误或者在程序中违反了类不变性原则等,这一类错误均可以通过正确编写代码来防止。C ++ 语言标准程序库提供了以下逻辑异常类的派生类。

①invalid_argument:当向函数传入无效参数时产生。

②length_error:当长度超过所操作的对象允许的最大长度时产生。

③out_of_range:当数组下标之类的数值超界时产生。

应用程序重要使用这些异常类,必须包含相应的头文件。其中,异常类的基类 exception 定义在头文件 exception 中,bad_alloc 定义在头文件 new 中,bad_cast 定义在头文件 typeinfo 中,其他多定义在 stdexcept 中。

C ++ 语言标准程序库对于异常处理,能够保证不会出现资源泄漏,以及保证容器的特性不变。主要体现在以下几个方面:

①对于以结点实现为基础的容器,如列表容器、映射容器、多重映射容器、集合容器和多重集合容器,若出现结点构造失败的情况,那么整个容器应当保持不发生变化。当向顺序关联容器中插入多个元素时,为了确保数据的有序排列,必须保证如果插入操作失败,整个容器的所有元素必须不发生任何变化。而对于结点的移动和删除操作,则必须确保操作成功才行。

②对于以数组实现为基础的容器,如向量容器和双端队列容器,它也必须保证相关操作或者成功,或者容器不发生任何变化。因此,当向这些容器中插入元素的操作失败时,为了保证初始容器状态的完全恢复,就必须在插入元素的操作开始前,首先将插入点后面的元素全部备份出来。这样一来,在操作失败后想要达到完全恢复,就需要消耗大量的时间。当然,它们也有好的方面,push 和 pop 函数的操作由于仅仅对容器的元素进行操作,因而不需要备份任何元素,所以如果发生了异常的话,这两个函数可以确保初始容器的状态的完全恢复。

8.3.2 标准异常处理类使用

上面已经讨论了 C ++ 语言标准中的异常类,本小节通过示例来学习这些标准异常类的使用方法。

例 8.5 标准异常类的使用示例。

```
#include <exception>
using namespace std;

int main()
{
    try
    {
        throw invalid_argument("test of invalid argument");
        // throw range_error("we get the outofrange error");
    }catch(invalid_argument &in)
    {
        cout << "we catch invalid_argument:" << in.what() << endl;
```

```
    }catch(range_error &re)
    {
        cout << "we catch unexcepted range error:" << re.what() << endl;
    }
    return 0;
}
```

通过上面程序，主要测试了 invalid_argument 和 range_error 两种异常。在 try 块中，使用语句：

    throw invalid_argument("test of invalid argument");

此时测试的是 invalid_argument 异常类。程序执行的结果是：

    we catch invalid_argument:test of invalid argument

如果在 try 块中使用语句：

    throw range_error("we get the outofrange error");

则程序修改为测试的 range_error 异常类。程序执行的结果为：

    we catch unexcepted range error:we get the outofrange error

一般情况下，使用标准的异常类基本能够满足应用程序的大多数需求。如果使用标准异常类不能满足需求时，可以从标准异常类派生出新的异常类，以满足应用程序的需求。

例 8.6 定义异常类的使用示例。

```
#include <iostream>
#include <exception>
using namespace std;

class myException :public exception   //派生异常类
{
  public:
        myException()
        {
            cout << "ERROR! this is myexception!" << endl;
        }
};

int main()
{
    int x = 100,y = 0;
    try
    {
      if(y == 0)
          throw myException();
```

```
        else
            cout << x/y << endl;
    }catch(myException &me)
    {
        cout << "catch myException: " << me.what() << endl;
    }
    return 0;
}
```

上面程序中没有直接使用C++语言标准异常类，而是通过继承关系派生出一个新的异常类。通过这种方式，可以基于标准的异常类定义出符合应用程序要求的异常类。程序运行的结果是：

```
ERROR! this is myexception!
catch myException: Unknown exception
```

习　题

一、单项选择题

1. 负责处理捕获来的异常的关键字是(　　)。
   A. throw　B. catch　C. try　D. rethrow
2. 不会抛出任何类型异常的函数声明是(　　)。
   A. f();　B. f() throw(A,B);　C. f() throw();　D. f() throw;
3. 在程序执行期间，如果动态类型转换操作失败，会抛出的异常是(　　)。
   A. bad_alloc　B. bad_cast　C. length_error　D. out_of_range
4. 设计时的缺陷，编译器是可以通过的，无法发现错误，但是结果是错的，只能靠人工分析跟踪排除的错误是(　　)。
   A. 逻辑错误　B. 编译错误　C. 运行时错误　D. 服务器连接错误
5. 负责发现异常，抛掷异常对象的是(　　)。
   A. catch　B. try　C. throws　D. throw
6. 下列属于异常处理的嵌套形式的是(　　)。
   A. try{}catch(){}try{}catch(){}
   B. try{try{}catch(){}}catch(){}
   C. try{throw e;}catch(){}
   D. try{}catch(){}
7. 异常的重新抛出的表达式是(　　)。
   A. throw;　B. throw e;　C. rethrow;　D. rethrow e;
8. 存在异常的重新抛出的catch语句块中，catch的参数类型是(　　)。
   A. 基本类型　B. 类类型　C. 任意类型　D. 引用
9. C++语言标准库异常类继承层次中的根类为(　　)。

A. error　　B. exception　　C. logic_error　　D. runtime_error

10. 有下列程序：

```
int main(){
  try
  {
      throw invalid_argument("abc");
     }catch(invalid_argument ia)
     {
       cout<<"we catch invalid_argument:"<<ia.what()<<endl;
     }catch(overflow_error oe)
     {
       cout<<"we catch overflow error:"<<oe.what()<<endl;
     }
      return 0;
  }
```

输出结果是(　　)。

A. we catch overflow error:abc　　B. we catch invalid_argument:abc

C. we catch overflow error　　D. abc

二、程序设计

1. 定义一个函数,在函数中需要申请一段连续内存空间,大小由函数参数指定,针对内存空间的申请设置异常处理机制。
2. 使用标准异常类库处理数组下标超界异常。
3. 针对数组下标超界的异常,采用分段处理,第一阶段捕获下标超界异常,第二阶段判断下标是小于0还是大于数组大小。
4. 编写程序实现:打开一个文件,读取文件中的一串数据,存放在容器中,然后对容器中的数据排序,并输出到显示屏上,这里打开文件需要采用异常处理方式。
5. 自定义一个异常类继承exception,实现处理某个异常处理的程序,另定义一函数fun触发异常。该异常类需要一个字符串描述异常信息,一个int类型的数据存放引起异常的数据。
6. 自定义runtime_error子类,实现除数为0的异常处理。

附录

附录 A

ASCII 码表（基本表部分 000 ~ 127）

ASCII	字符	ASCII	字符	ASCII	字符	ASCII	字符
000	NUL	032	space	064	@	096	`
001	SOH	033	!	065	A	097	a
002	STX	034	"	066	B	098	b
003	ETX	035	#	067	C	099	c
004	EOT	036	$	068	D	100	d
005	ENQ	037	%	069	E	101	e
006	ACK	038	&	070	F	102	f
007	BEL	039	'	071	G	103	g
008	BS	040	(	072	H	104	h
009	HT	041	)	073	I	105	i
010	LF	042	*	074	J	106	j
011	VT	043	+	075	K	107	k
012	FF	044	,	076	L	108	l
013	CR	045	–	077	M	109	m
014	SO	046	.	078	N	110	n
015	SI	047	/	079	O	111	o
016	DLE	048	0	080	P	112	p
017	DC1	049	1	081	Q	113	q
018	DC2	050	2	082	R	114	r
019	DC3	051	3	083	S	115	s
020	DC4	052	4	084	T	116	t
021	NAK	053	5	085	U	117	u
022	SYN	054	6	086	V	118	v
023	ETB	055	7	087	W	119	w
024	CAN	056	8	088	X	120	x
025	EM	057	9	089	Y	121	y
026	SUB	058	:	090	Z	122	z
027	ESC	059	;	091	[	123	{
028	FS	060	<	092	\	124	|
029	GS	061	=	093	]	125	}
030	RS	062	>	094	^	126	~
031	US	063	?	095	_	127	DEL

ASCII 码表（扩展表部分 128 ~ 255）

ASCII	字符	ASCII	字符	ASCII	字符	ASCII	字符
128	Ç	160	á	192	└	224	α
129	ü	161	í	193	┴	225	ß
130	é	162	ó	194	┬	226	Γ
131	â	163	ú	195	├	227	π
132	ä	164	ñ	196	─	228	Σ
133	à	165	Ñ	197	┼	229	σ
134	å	166	a	198	╞	230	μ
135	ç	167	o	199	╟	231	τ
136	ê	168	¿	200	╚	232	Φ
137	ë	169	⌐	201	╔	233	Θ
138	è	170	¬	202	╩	234	Ω
139	ï	171	½	203	╦	235	δ
140	î	172	¼	204	╠	236	∞
141	ì	173	¡	205	═	237	φ
142	Ä	174	«	206	╬	238	ε
143	Å	175	»	207	╧	239	∩
144	É	176	░	208	╨	240	≡
145	æ	177	▒	209	╤	241	±
146	Æ	178	▓	210	╥	242	⩾
147	ô	179	│	211	╙	243	⩽
148	ö	180	┤	212	Ô	244	⌠
149	ò	181	╡	213	╒	245	⌡
150	ù	182	╢	214	╓	246	÷
151	ù	183	╖	215	╫	247	≈
152	ÿ	184	╕	216	╪	248	°
153	Ö	185	╣	217	┘	249	·
154	Ü	186	║	218	┌	250	•
155	¢	187	╗	219	█	251	√
156	£	188	╝	220	▄	252	^{n}
157	¥	189	╜	221	▌	253	^{2}
158	Pts	190	╛	222	■	254	■
159	*f*	191	┐	223	■	255	

控制键（000～031）意义

ASCII	字符	意　义	ASCII	字符	意　义
000	NUL	空	016	DLE	数据链路转意
001	SOH	头标开始	017	DC1	设备控制 1
002	STX	正文开始	018	DC2	设备控制 2
003	ETX	正文结束	019	DC3	设备控制 3
004	EOT	传输结束	020	DC4	设备控制 4
005	ENQ	查询	021	NAK	反确认
006	ACK	确认	022	SYN	同步空闲
007	BEL	震铃	023	ETB	传输块结
008	BS	backspace	024	CAN	取消
009	HT	水平制表符	025	EM	媒体结束
010	LF	换行/新行	026	SUB	替换
011	VT	竖直制表符	027	ESC	转意
012	FF	换页/新页	028	FS	文件分隔符
013	CR	回车	029	GS	组分隔符
014	SO	移出	030	RS	记录分隔符
015	SI	移入	031	US	单元分隔符

附录 B

一、Visual C ++ 6.0 集成开发环境简介

VisualC/C ++ 是微软推出的目前使用极为广泛的视窗平台下的可视化软件开发环境。在视窗操作系统（Windows X）下正确安装了 Visual C ++ 6.0 后，如附图 1 所示，可以通过单击任务栏的“开始”，选择“程序”中的“Microsoft Visual Studio 6.0”，然后再选择“Microsoft Visual C ++ 6.0”菜单启动运行 Visual C ++ 6.0。

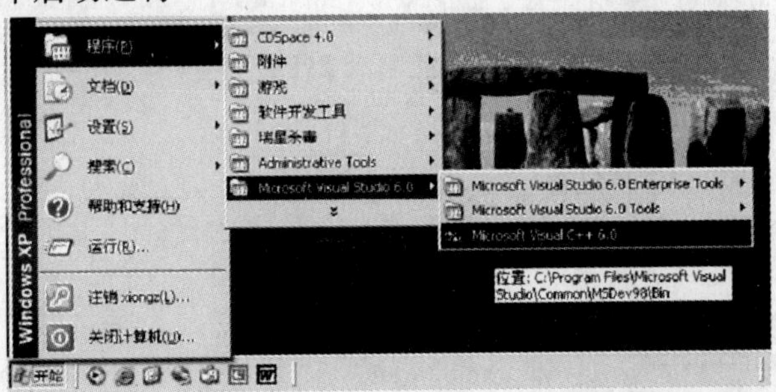

附图 1　启动 Visual C ++ 6.0

第一次运行 Visual C ++ 6.0 时，系统将显示“Tip of the Day”对话框，如图 2 所示。在对话框中可以通过单击“Next Tip”按钮一步一步地查看各种操作的相关提示。如果不选中

“Show tips at startup”复选框，则以后运行 Visual C ++ 6.0 时，将不再出现该对话框。单击“Close”按钮关闭该对话框后进入 Visual C ++ 6.0 开发环境。

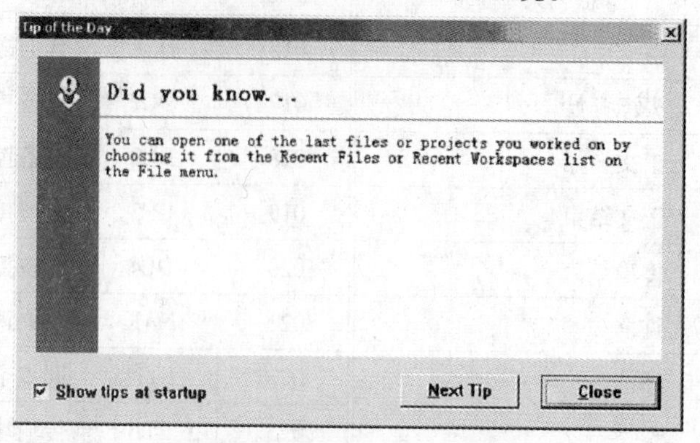

附图 2　Tip of the Day 对话框

Visual C ++ 6.0 开发环境界面由标题栏、菜单栏、工具栏、项目工作区窗口、文档窗口、输出窗口以及状态栏等构成，如附图 3 所示。

①标题栏。标题栏上显示当前文档窗口中所显示的文档的文件名。在标题栏的右端一般有“最小化”“最大化/还原”以及“关闭”按钮。单击“最大化/还原”按钮或在标题栏上双击可以使窗口在“最大化”与“还原”状态之间进行切换，单击“关闭”按钮可以退出集成开发环境。

②菜单栏。菜单栏中几乎包含了 Visual C ++ 6.0 集成环境中的所有命令，为用户提供了文档操作、程序编辑、程序编译、程序调试、窗口操作等一系列软件开发环境功能。

③工具栏。在工具栏上，安排了系统中常用菜单命令的图形按钮，以为用户提供更方便的操作方式。

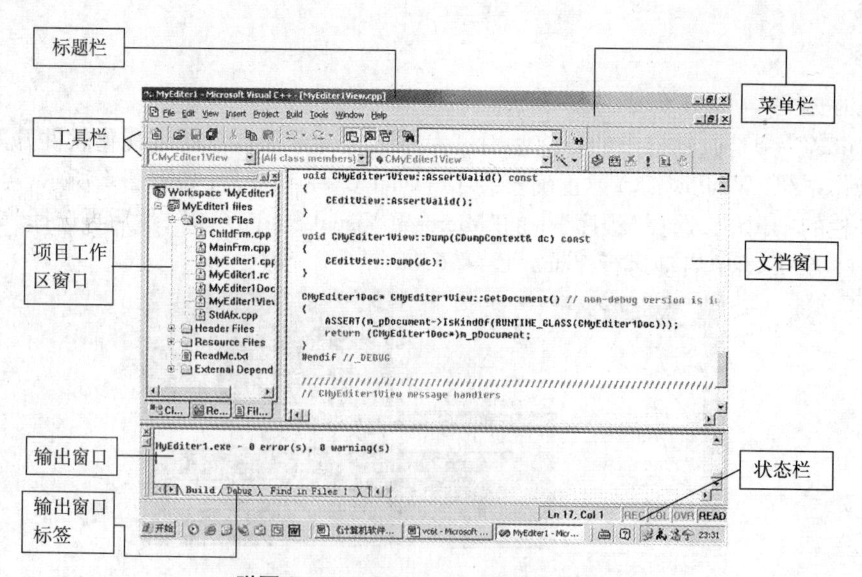

附图 3　Visual C ++ 6.0 集成开发环境

④项目工作区窗口。项目工作区窗口中包含用户项目的有关信息，包括类、项目文件以及项目资源等。

⑤文档窗口。程序代码的源文件、资源文件以及其他各种文档文件等都可以在文档窗口中显示并可以在其中进行编辑。

⑥输出窗口。输出窗口一般在开发环境窗口的底部,包括了编译和连接(Build)、调试(Debug)、在文件中查找(Find in Files)等各种软件开发步骤中相关信息的输出,输出信息以多页面的形式显示在输出窗口中。

⑦状态栏。状态栏一般在开发环境窗口的最底部,用以显示与当前操作相应的状态信息。

二、使用 Visual C ++ 6.0 集成环境开发 C/C ++ 程序

在 Visual C ++ 6.0 IDE(集成开发环境)中开发 C/C ++ 程序对应着 Visual C ++ 软件开发平台中的控制台应用程序开发。每次启动 Visual C ++ 6.0 IDE 后,在 IDE 中编写或打开第一个 C/C ++ 程序与接下来的第二个 C/C ++ 程序编写或打开的方法稍有不同,下面将这不同情况下开发 C 程序的基本方法分别予以介绍。

1. 新建(编写)并运行第一个 C/C ++ 程序

①启动 Visual C ++ 6.0 IDE。

②选择 File/New 命令,系统弹出"New"对话框,如附图 4 所示。

③在"New"对话框中选择 File 标签,在列表中选中应用程序类型项(C ++ Source File),如附图 4 所示。

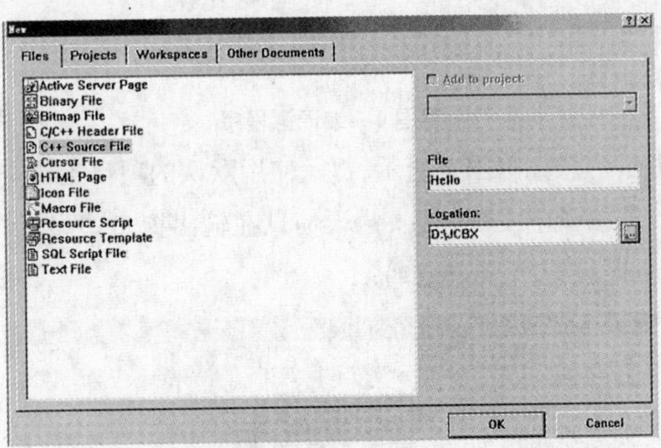

附图 4　New 对话框

④在 New 对话框的"File"框中输入要建立的应用程序的名字,在"Location"框中输入或通过其旁边的浏览按钮选择存放应用程序的文件夹(目录)如附图 4 所示,然后单击 OK 进入集成环境应用程序编辑器,如附图 5 所示。

附图5　应用程序编辑器

⑤在编辑器中输入、编辑源程序代码并保存。

⑥在 Build 菜单组中选择 Compile 命令或单击编译工具按钮编译源程序，如附图 6 所示。

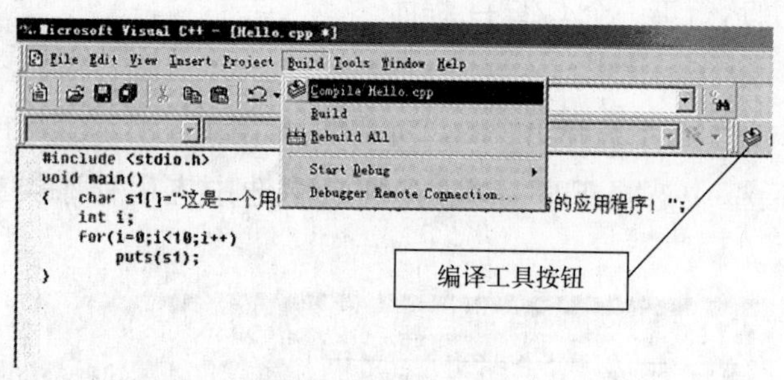

附图6　编译源程序

⑦当系统出现提示信息如附图 7 所示，提示使用默认的项目工作空间时回答 Yes，系统对源程序进行编译。若编译中发现错误，错误信息在输出窗口中显示；编译成功时提示信息为：xxx. obj － 0 error(s)，0 warning(s)。

附图7　提示使用默认的项目工作空间

⑧在 Build 菜单组中选择 Build 命令或单击连接工具按钮对编译后的目标文件进行连接以生成相应的执行文件，如附图 8 所示。连接成功的提示信息为：xxx. exe － 0 error(s)，0 warning(s)。

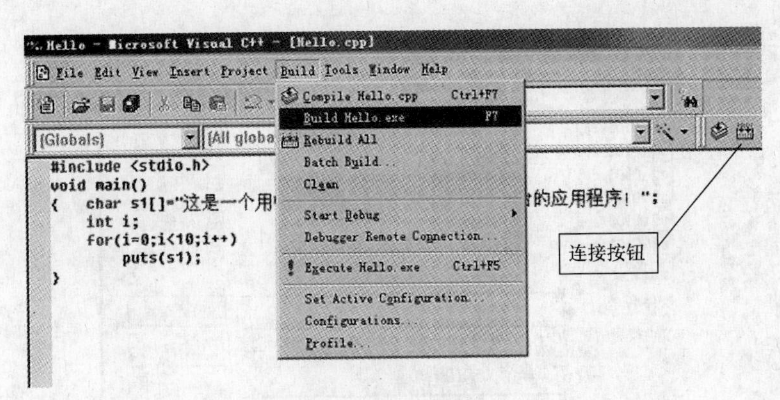

附图 8　连接目标文件

⑨在 Build 菜单组中选择 Execute(快捷键 Ctrl + F5)命令或者在工具栏上单击运行按钮运行相应程序,如附图 9 所示。

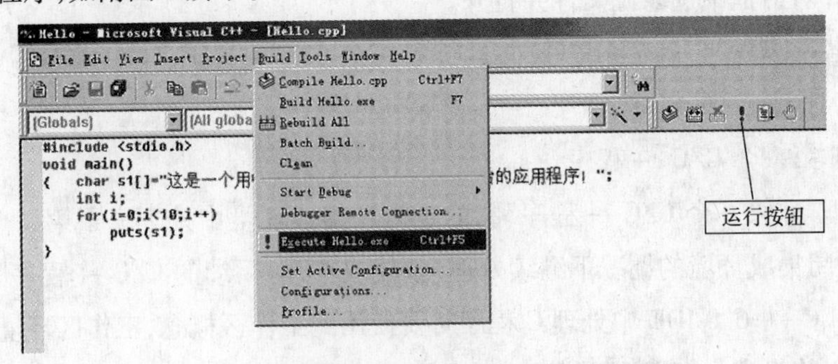

附图 9　运行应用程序

⑩基于控制台的应用程序运行结果如附图 10 所示,在程序执行完成后,按任意键系统返回 Visual C ++ 6.0 软件开发环境。

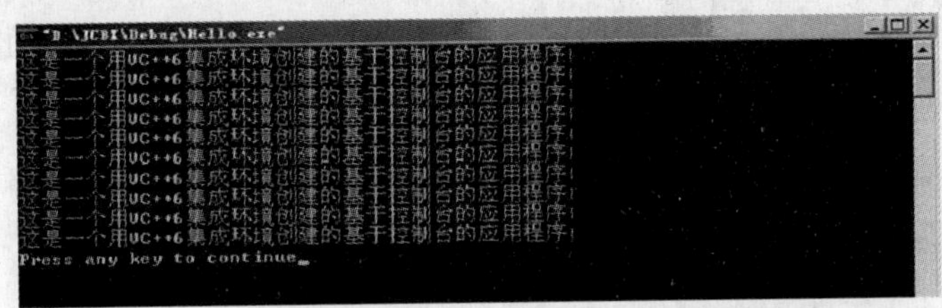

附图 10　C 程序运行的结果

2. 打开(编辑)并运行第一个 C/C ++ 程序

①启动 Visual C ++ 6.0 IDE。

②选择 File/Open 命令,系统弹出"打开"对话框,如附图 11 所示。

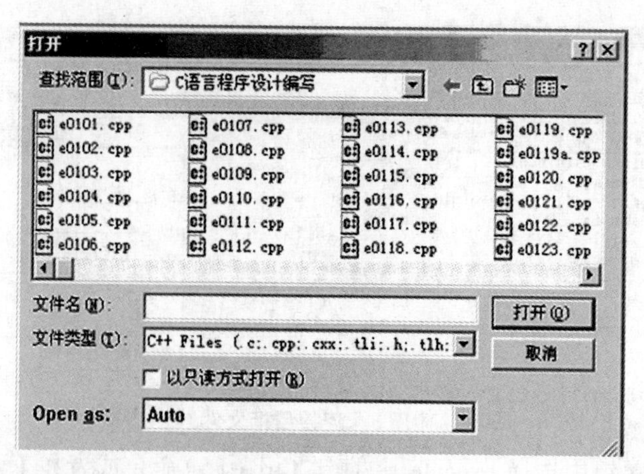

附图 11　打开对话框

③在打开对话框中选取源文件并打开。

此后的各个步骤与“新建(编写)并运行第一个 C/C ++ 程序”中的⑤—⑨)相同,此处不再赘述。

3. 处理非第一个 C/C ++ 程序

所谓处理“非第一个 C/C ++ 程序”指的是当在集成环境中处理完了第一个 C/C ++ 程序后,在不关闭集成环境的情况下继续处理(新建或打开)后续的 C/C ++ 程序。

在 Visual C ++ 6.0 IDE 中处理 C 程序时要使用到工作区概念,工作区环境中包含了系统为了处理当前 C/C ++ 程序而需要的所有信息。每一个独立的 C/C ++ 程序都需要在自己的工作区中处理,所以每当要进行下一个 C/C ++ 程序的处理时都必须关闭上一个 C/C ++ 程序处理时的工作区,否则会出现“error LNK2005: _main already defined in e0112.obj (主函数已经存在)”等错误。关闭当前(上一个)C/C ++ 程序处理工作区的方法为:

①选择 File/Close Workspace 命令,如附图 12 所示。

②在集成环境系统出现的提示对话框中选择“是(Y)”按钮,如附图 13 所示。

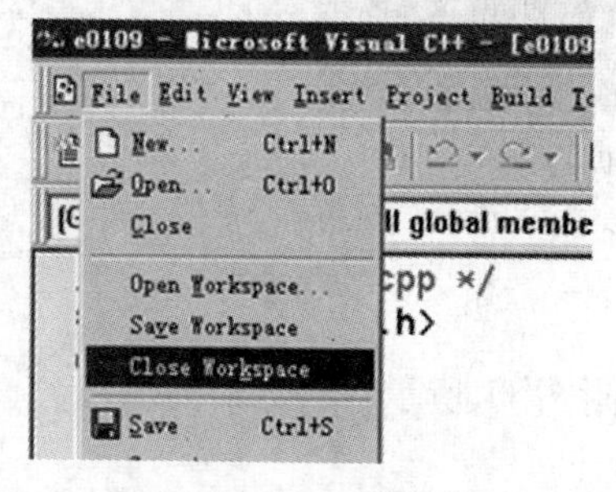

附图 12　关闭工作区

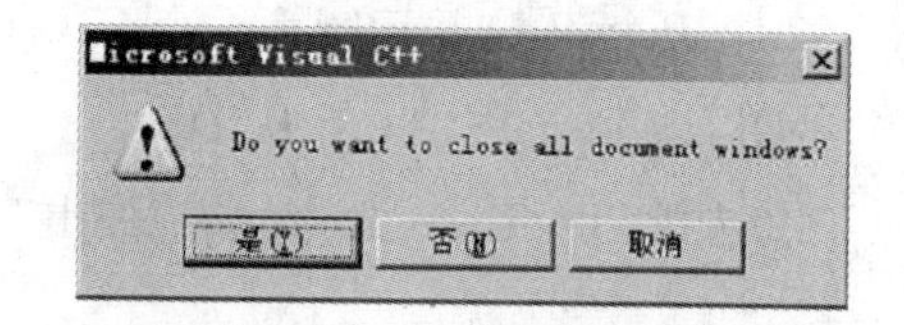

附图 13　系统提示对话框

4. 处理命令行参数

在处理含有命令行参数的 C 程序时需要设置命令行参数的字符串(除命令本身)。在 VC ++ 6.0 IDE 中命令行参数处理方法如下:

①编译(或编译连接)所处理的 C/C ++ 程序(注意只有当对处理的 C/C ++ 程序编译或者编译连接后才能进行下面步骤的操作)。

②选择命令:Project/Settings …,进入 Projcet Setting 对话框。

③在 Projcet Setting 对话框中选择 Debug 标签,如附图 14 所示。然后在 Program arguments 框中输入命令行参数即可。

④单击 Projcet Setting 对话框中的"OK"按钮,退出命令行参数设置。

⑤在 Build 菜单组中选择 Execute(快捷键 Ctrl + F5)命令或者在工具栏上单击运行按钮运行相应程序,如附图 9 所示。

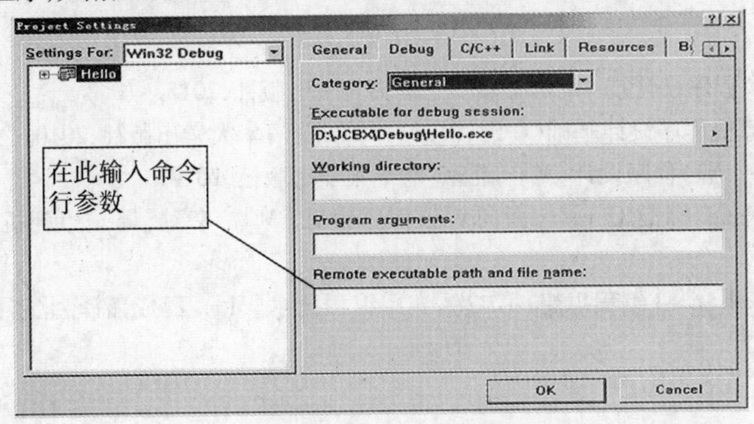

附图 14　命令行参数处理

参考文献

[1]刘慧君. C 程序设计技术[M]. 重庆: 重庆大学出版社,2015.
[2]熊壮. 计算机程序设计基础(C 语言)[M]. 北京:清华大学出版社,2010.
[3]郑莉. C ++ 语言程序设计[M]. 北京:清华大学出版社,2010.
[4]Paul S. Wang. 标准 C ++ 与面向对象程序设计[M]. 李健,译. 北京:机械工业出版社,2003.
[5]Bruce Eckel. C ++ 编程思想:第二卷 实用编程技术[M]. 刁成嘉译. 北京:机械工业出版社,2007.